MÉMORIAL

DES

SCIENCES MATHÉMATIQUES

PUBLIÉ SOUS LE PATRONAGE DE

L'ACADÉMIE DES SCIENCES DE PARIS

DES ACADÉMIES DE BELGRADE, BRUXELLES, BUCAREST, COÏMBRE, CRACOVIE, KIEW, MADRID, PRAGUE, ROME, STOCKHOLM (FONDATION MITTAG-LEFFLER), ETC. DE LA SOCIÉTÉ MATHÉMATIQUE DE FRANCE, AVEC LA COLLABORATION DE NOMBREUX SAVANTS.

DIRECTEUR :

Henri VILLAT

Correspondant de l'Académie des Sciences de Paris
Professeur à l'Université de Strasbourg.

FASCICULE VI.

Le Problème de Bäcklund

Par E. GOURSAT
Membre de l'Institut.

PARIS
GAUTHIER-VILLARS ET Cie, ÉDITEURS
LIBRAIRES DU BUREAU DES LONGITUDES, DE L'ÉCOLE POLYTECHNIQUE
Quai des Grands-Augustins, 55.

1925

AVERTISSEMENT

La Bibliographie est placée à la fin du fascicule, immédiatement avant la Table des Matières.

Les numéros en caractères gras figurant entre crochets dans le courant du texte renvoient à cette Bibliographie.

MÉMORIAL

DES

SCIENCES MATHÉMATIQUES

76211-25 PARIS. — IMPRIMERIE GAUTHIER-VILLARS ET Cie,
Quai des Grands-Augustins, 55.

LE

PROBLÈME DE BÄCKLUND;

Par E. GOURSAT.

1. Énoncé du problème. Généralités. — En étudiant certaines transformations des surfaces à courbure totale constante, M. A.-V. Bäcklund a été conduit à poser le problème suivant (1), que j'appelle pour abréger le *Problème de Bäcklund*, ou problème (B) :

Trouver deux multiplicités M_2 *et* M'_2 *d'éléments de contact dans l'espace à trois dimensions, se correspondant élément par élément de telle façon que les coordonnées de deux éléments correspondants* (x, y, z, p, q), (x', y', z', p', q') *vérifient quatre relations données à l'avance*

$$F_i(x, y, z, p, q; x', y', z', p', q') = 0 \qquad (i = 1, 2, 3, 4). \tag{1}$$

Je rappellerai qu'une multiplicité M_k d'éléments de contact $(k = 1, 2)$ dans l'espace à trois dimensions est un ensemble d'éléments de contact dont les coordonnées x, y, z, p, q sont des fonctions de k variables indépendantes vérifiant la relation

$$dz = p\,dx + q\,dy. \tag{2}$$

Lorsque $k = 2$, le point (x, y, z), dont les coordonnées sont fonctions de deux paramètres variables, décrit en général une surface S, et les éléments de M_2 se composent des points de S, chacun d'eux étant associé au plan tangent à S en ce point. On dit que la multiplicité M_2 a pour *support ponctuel* la surface S. Mais il peut aussi arriver que le point (x, y, z) décrive une courbe C (ou même reste fixe). Dans le premier cas, on obtient un élément de M_2 en associant un point quelconque de la courbe C avec un plan passant par la tangente à C en ce point; cet ensemble dépend bien de deux paramètres, et le support ponctuel de M_2 est la courbe C. Si le point (x, y, z) reste fixe, le support ponctuel de M_2 se réduit à un point, et l'on obtient un élément de M_2 en associant ce point fixe à un plan quelconque passant par ce point. On obtient de même les éléments d'une multiplicité M_1 en associant un point d'une courbe C à un plan passant par la tangente à C en ce point, ou en associant un point fixe P à un plan tangent à un cône ayant son sommet en ce point [1].

M. Bäcklund n'avait étudié que le cas où les multiplicités M_2, M'_2 ont pour supports ponctuels deux surfaces S, S'. Le problème revient alors à trouver deux surfaces S, S', telles qu'il soit possible de les faire correspondre point par point de façon que les éléments de contact correspondants de ces deux surfaces vérifient les relations (1). C'est ce que nous appellerons le problème (B) *au sens strict*. Mais il y a intérêt à poser le problème sous la forme plus générale énoncée au début; quand il y aura lieu de faire cette distinction, on dira que ce nouveau problème est le problème (B) *au sens large*. Cette extension présente les mêmes avantages que la définition généralisée de S. Lie pour l'intégrale d'une équation aux dérivées partielles. On sait d'ailleurs qu'une multiplicité M_2 ayant pour support ponctuel une courbe ou un point se ramène à une multiplicité M_2 ayant pour support ponctuel une surface au moyen de la transformation de Legendre. D'une façon générale, si l'on fait subir aux multiplicités M_2, M'_2 deux transformations de contact quelconques (T), (T'), elles se changent en deux nouvelles multiplicités de même espèce, et les relations (1) sont remplacées par quatre nouvelles relations déduites des premières en effectuant sur les éléments (x, y, z, p, q), (x', y', z', p', q') les transformations (T), (T'). Nous ne regarderons pas comme distincts deux problèmes (B) qui se ramènent ainsi l'un à l'autre par un système de deux transformations (T), (T').

Si l'on prend le problème (B) au sens strict, on doit regarder, dans les équations (1), z et z' comme deux fonctions inconnues, l'une des variables x, y, l'autre des variables x', y', les lettres p, q, p', q' ayant le sens habituel. Il peut arriver que l'élimination des variables

[1] Nous ne considérons dans les pages qui vont suivre que des relations analytiques et des multiplicités analytiques.

accentuées conduise à une seule équation aux dérivées partielles du second ordre (E) pour la fonction $z(x, y)$, tandis que l'élimination des variables non accentuées conduit aussi à une seule équation aux dérivées partielles du second ordre (E') pour la fonction $z'(x', y')$. Les équations (1) établissent alors une correspondance entre les intégrales de ces deux équations (E), (E'), différente d'une transformation (T). Ces nouvelles transformations sont les *transformations de Bäcklund*, ou transformations (B). Les propriétés essentielles de ces transformations se déduisent très aisément de l'étude générale du problème (B).

Un cas particulier étendu du problème (B) au sens strict avait déjà donné lieu à beaucoup de travaux. Lorsque les deux premières équations (1) sont $x'=x$, $y'=y$, le système (1) se réduit à un système de deux équations aux dérivées partielles du premier ordre à deux fonctions inconnues

$$(3) \quad F(x, y, z, z', p, p', q, q') = 0, \qquad \Phi(x, y, z, z', p, p', q, q') = 0.$$

On connaît depuis longtemps des systèmes de cette espèce qui conduisent à une équation aux dérivées partielles du second ordre pour chacune des fonctions inconnues.

Par exemple, le système des deux équations

$$z' = f(x, y, z, p, q), \qquad z = \varphi(x, y, z', p', q')$$

conduit, en éliminant z', à une équation aux dérivées partielles du second ordre (E) en z, tandis que l'élimination de z conduit à une équation du second ordre (E') en z'. Les intégrales de ces deux équations se correspondent d'une façon univoque. Ces transformations comprennent en particulier la célèbre transformation de Laplace. De même, l'élimination de z' entre les deux équations

$$p = f(x, y, z', p', q'), \qquad q = z'$$

conduit à une équation (E) du second ordre en z, tandis que l'élimination de z conduit à une autre équation (E') en z'; à une intégrale de E correspond une seule intégrale de (E'), tandis qu'à une intégrale de (E') correspondent une infinité d'intégrales de (E), dépendant d'une constante arbitraire.

Prenons encore le système $p' = a(x, y)p$, $q' = b(x, y)q$; l'élimination de l'une des inconnues z ou z' conduit à une équation linéaire du second ordre pour déterminer l'autre inconnue, et à toute intégrale de l'une des équations correspondent une infinité d'intégrales de l'autre équation, dépendant d'une constante arbitraire. Si $a + b = 0$, on retrouve une transformation bien connue de Moutard (41).

Lorsque les deux fonctions F et Φ sont linéaires en z, z', p, p', q, q', on peut obtenir de nombreuses transformations analogues aux précédentes, qui permettent de passer d'une équation linéaire du second ordre à une autre équation de même espèce. L'étude de ces transformations a été poussée très loin (22, 26'), mais elle est en dehors de notre sujet.

2. Système de Pfaff associé. — Toute solution du problème (B) est représentée par un système de dix fonctions $(x, y, \ldots, q')$ de deux variables indépendantes, satisfaisant aux équations (1) et aux deux relations

$$dz = p\,dx + q\,dy, \qquad dz' = p'\,dx' + q'\,dy'. \tag{4}$$

Les quatre équations (1), supposées distinctes et compatibles, permettent d'exprimer $x, y, \ldots, p', q'$, au moyen de six paramètres x_1, $x_2, \ldots, x_6$, de telle façon qu'à un système de valeurs de $x, y, \ldots, q'$ corresponde un seul système de valeurs des x_i et inversement, au moins dans des domaines suffisamment restreints. Quand on fait cette substitution dans les équations (4), elles se changent en un système S de deux équations de Pfaff à six variables

$$\omega_1 = \Sigma a_i dx_i = 0, \qquad \omega_2 = \Sigma b_i dx_i = 0 \qquad (i = 1, 2, \ldots, 6) \tag{5}$$

que nous appellerons le *système associé* au problème (B). A toute solution du problème (B) correspond une intégrale $\mathfrak{M}_2$ à deux dimensions du système associé. Inversement, à toute multiplicité intégrale $\mathfrak{M}_2$ de S correspond une multiplicité à deux dimensions N_2 décrit par le point de coordonnées $(x, y, \ldots, q')$ dans l'espace à dix dimensions, puisqu'il y a une correspondance analytique univoque entre ces deux multiplicités. Les deux éléments (x, y, z, p, q), (x', y', z', p', q') décrivent eux-mêmes des multiplicités M et M' qui sont en général à deux dimensions. Mais il peut arriver que M, par exemple, n'ait qu'une dimension, tandis que l'élément (x', y', z', p', q') décrit une M'_2. A chaque élément de M_1 correspondent alors ∞^1 éléments de M'_2. Il peut même arriver que ces deux éléments décrivent chacun une multiplicité à une dimension. C'est ce qui a lieu, par exemple, si les deux équations $F_1 = 0$, $F_2 = 0$ ne renferment que x, y, z, p, q, et les deux dernières les variables accentuées seules. Si ces deux systèmes n'admettent pas de multiplicités intégrales à deux dimensions (ce qui est le cas général), le problème (B) correspondant n'admet pas de solutions, même au sens large. Cependant le système de Pfaff associé a des intégrales $\mathfrak{M}_2$. En effet, soient M_1 une intégrale du système $F_1 = F_2 = 0$, et M'_1 une intégrale de $F_3 = F_4 = 0$. Le long de M_1, x, y, z, p, q sont fonctions d'un paramètre u; le long de M'_1, x', y', z', p', q' sont fonctions d'un autre paramètre v. Le point de coordonnées $(x, \ldots, q')$ décrit donc une multiplicité N_2 dans l'espace à dix dimensions, à laquelle correspond une intégrale $\mathfrak{M}_2$ du système de Pfaff. Dans ce cas, deux éléments quelconques pris sur M_1 et M'_1 se correspondent. Il pourrait aussi se faire que la première multiplicité M se réduise à un seul élément, tandis que la seconde M'_2 est à deux dimensions. La multiplicité correspondante $\mathfrak{M}_2$ possède encore deux dimensions. On voit donc qu'en remplaçant le problème (B), même au sens large, par la recherche des intégrales $\mathfrak{M}_2$ du système de Pfaff associé, on généralise encore le problème. En particulier, nous voyons que la formation du système S exige seulement que les quatre équations (1) soient distinctes et compatibles, tandis que le problème (B), même au sens large, peut n'avoir aucun sens pour certains systèmes de relations (1), comme celui qui vient d'être cité.

Les équations (1) permettent d'exprimer les dix variables $(x, \ldots, q')$ au moyen de six paramètres d'une infinité de façons. Si on les exprime au moyen de six paramètres y_i, différents des x_i, on est conduit à un autre système de Pfaff où figurent les six variables y_i. Mais les x_i s'expriment aussi au moyen des y_i, et par suite le nouveau système de Pfaff se déduit du premier par un changement de variables. Le système de Pfaff associé à un problème (B) est donc défini à un changement de variable près.

Par exemple, si les équations (1) peuvent être résolues par rapport à x', y', p', q', on peut prendre x, y, z, p, q, z' pour paramètres. Le système associé se composera de l'équation (2), et d'une seconde équation où figureront les différentielles dx, dy, dp, dq, dz'.

Inversement, tout système S de deux équations de Pfaff à six variables peut être associé à une infinité de problèmes (B), pourvu qu'il ne soit pas complètement intégrable. Soient en effet $\Omega_1 = 0$,

$\Omega_2 = 0$ deux combinaisons linéaires distinctes des deux équations $\omega_1 = 0$, $\omega_2 = 0$ de S. Si ces équations sont de la cinquième classe (ce qui est le cas général), on peut les ramener à la forme canonique (4); les variables (x, y, z, p, q), (x', y', z', p', q') qui figurent dans ces deux formes sont fonctions des six variables x_i, et par suite sont liées en général par quatre relations seulement $F_i = 0$. Le système S est associé au problème (B) correspondant à ce système de relations. Il existe donc une infinité de problèmes (B) qui ont même système de Pfaff associé. Nous dirons, pour abréger, qu'ils appartiennent à la même classe. Il en est ainsi en particulier des problèmes (B) qui se ramènent l'un à l'autre par deux transformations (T), (T').

3. Éléments singuliers du système associé. — Nous rappellerons d'abord quelques définitions et quelques propriétés des systèmes de Pfaff (10, 11). Tout système de valeurs non toutes nulles $(dx_1, dx_2, \ldots, dx_6)$ vérifiant les équations (5) est un *élément linéaire intégral* de ce système, issu du point $(x_1, x_2, \ldots, x_6)$ de l'espace à six dimensions. Un élément sera représenté par e, ou par (dx_i). Deux éléments (dx_i) et $(k\,dx_i)$ ne sont pas considérés comme distincts, de sorte que tout point de l'espace à six dimensions est l'origine de ∞^3 éléments linéaires intégraux. Deux éléments linéaires intégraux (dx_i) et (δx_i) sont dits *en involution*, lorsqu'on a entre les coordonnées de ces éléments les deux relations

$$(6)\quad \begin{cases} \omega'_1 = \Sigma a_{ik}(dx_i\delta x_k - dx_k\delta x_i) = 0, & a_{ik} = \dfrac{\partial a_i}{\partial x_k} - \dfrac{\partial a_k}{\partial x_i}, \\ \omega'_2 = \Sigma b_{ik}(dx_i\delta x_k - dx_k\delta x_i) = 0, & b_{ik} = \dfrac{\partial b_i}{\partial x_k} - \dfrac{\partial b_k}{\partial x_i}, \end{cases}$$

la sommation étant étendue à toutes les combinaisons des indices i et k. Les premiers membres de ces relations ω'_1, ω'_2 sont les *covariants bilinéaires* des formes de Pfaff ω_1, ω_2. D'une façon générale, deux éléments (dx_i), (δx_i) sont en involution *relativement à une équation de Pfaff* $\Omega = 0$, s'ils annulent le covariant bilinéaire Ω'. Cette propriété est invariante vis-à-vis d'un changement quelconque de variables.

On a déjà fait observer que le système S peut s'écrire d'une infinité de façons, en remplaçant les variables x_i par un nouveau système quelconque de variables y_i, qui soient des fonctions distinctes des premières. Il peut arriver qu'en choisissant convenablement les variables y_i, le système puisse s'écrire sous une forme où figurent moins de six variables. Soit r le nombre *minimum* de variables qui figurent dans un système déduit de S par un choix quelconque des variables; le système S est dit *de classe* r. En général, un système de deux équations à six variables est de classe 6, mais il peut être de classe 5, 4 ou 2 (¹).

La classe d'un système se détermine en recherchant les *éléments caractéristiques*, c'est-à-dire les éléments (dx_i) qui sont en involution avec tous les autres éléments linéaires intégraux (δx_i). Pour qu'un élément (dx_i) soit caractéristique, il faut et il suffit que les équations $\omega'_1 = 0$, $\omega'_2 = 0$ soient vérifiées par tous les éléments intégraux (δx_i). En écrivant ces conditions, on obtient un certain nombre de relations linéaires en $dx_1, \ldots, dx_6$, qui, jointes aux équations $\omega_1 = 0$, $\omega_2 = 0$, déterminent les éléments caractéristiques. Si ce système n'admet pas d'autres solutions que $dx_i = 0$ (ce qui est le cas général), il n'y a pas d'élément caractéristique, et le système S est de classe 6. Si les équations qui déterminent les éléments caractéristiques admettent d'autres solutions que $dx_i = 0$, elles se réduisent à r équations distinctes $(r < 6)$; ce système de r équations est complètement intégrable et peut être ramené à la forme $df_1 = 0, \ldots, df_r = 0$. Si l'on prend un système de six variables y_i, telles que $y_1 = f_1, \ldots, y_r = f_r$, ces variables $y_1, y_2, \ldots, y_r$ et leurs différentielles figurent seules dans les équations du système après la transformation; S *est de classe* r. On désignera en général par S_p un système de classe p.

Ces propriétés étant rappelées, soit (dx_i) un élément linéaire intégral quelconque de S. Les coordonnées δx_i d'un autre élément en involution avec le premier doivent vérifier les deux équations (5), où d est remplacé par δ et les deux équations $\omega'_1 = 0$, $\omega'_2 = 0$. Ces quatre équations sont généralement distinctes si l'élément (dx_i) n'a pas été choisi d'une façon particulière, et par conséquent il y a ∞^1 éléments linéaires intégraux en involution avec le premier.

Mais il peut y avoir exception si les coordonnées dx_i de l'élément e

---

(¹) Il ne peut être de classe 3. En effet, un système de classe 3 serait de la forme $dy_2 + A\,dy_1 = 0$, $dy_3 + B\,dy_1 = 0$, A et B étant fonctions de y_1, y_2, y_3. Ce système d'équations différentielles est équivalent à deux équations $df_1 = 0$, $df_2 = 0$.

ont été choisies de façon que les quatre équations linéaires qui déterminent les éléments en involution avec e ne soient pas distinctes. De tels éléments sont les *éléments singuliers* de S. Il est aisé de démontrer qu'il y a en général deux familles distinctes d'éléments singuliers.

On peut toujours supposer les équations de S résolues par rapport à deux des différentielles, dx_5 et dx_6 par exemple, ce qui revient à écrire les équations de S

$$(7)\qquad \begin{cases} \omega_1 = dx_5 + a_1\,dx_1 + a_2\,dx_2 + a_3\,dx_3 + a_4\,dx_4 = 0 \\ \omega_2 = dx_6 + b_1\,dx_1 + b_2\,dx_2 + b_3\,dx_3 + b_4\,dx_4 = 0; \end{cases}$$

tout système de valeurs non toutes nulles de dx_1, dx_2, dx_3, dx_4 détermine un élément linéaire intégral e, auquel nous ferons correspondre le point m de l'espace à trois dimensions dont les coordonnées homogènes sont dx_1, dx_2, dx_3, dx_4. Si dans les équations (6) on remplace dx_5, dx_6, δx_5, δx_6 par leurs valeurs tirées des équations (7) et des équations analogues, où d est remplacé par δ, ces deux équations prennent la forme, il est facile de le vérifier,

$$(8)\qquad \omega'_1 = \Sigma A_{ik}(dx_i\,\delta x_k - dx_k\,\delta x_i) = 0$$
$$(9)\qquad \omega'_2 = \Sigma B_{ik}(dx_i\,\delta x_k - dx_k\,\delta x_i) = 0 \qquad (i, k = 1, 2, 3, 4),$$

les coefficients A_{ik}, B_{ik} s'exprimant au moyen des fonctions a_i, b_i et de leurs dérivées partielles. Soient m, m' les points-images de deux éléments en involution (dx_i), (δx_i). Les conditions (8) et (9) expriment que la droite $m\,m'$ appartient à deux complexes linéaires C_1 et C_2. Si ces deux complexes C_1 et C_2 sont distincts, *la droite $m\,m'$ appartient donc à une congruence linéaire*. L'élément intégral (dx_1, dx_2, dx_3, dx_4) étant donné, les éléments (δx_i) en involution avec celui-là sont représentés par les points d'une droite issue de m; cet élément est donc en involution avec ∞^1 éléments linéaires intégraux issus du même point.

Il n'en est plus de même si le point m est situé sur l'une des directrices rectilignes Δ_1, Δ_2 de la congruence linéaire. Tout élément (dx_i) représenté par un point m de Δ_1 par exemple est en involution avec un autre élément représenté par un point m' du plan passant par m et par Δ_2; cet élément (dx_i) est en involution avec ∞^2 autres éléments intégraux. Il y a donc *deux familles distinctes d'éléments singuliers, représentés par les points de deux droites* Δ_1, Δ_2.

Ce résultat intuitif se vérifie aisément, au moyen du calcul suivant qui permet de former les équations déterminant les éléments singuliers. Pour que les deux équations (8) et (9), qui déterminent δx_1, δx_2, δx_3, δx_4 ne soient pas distinctes, il faut et il suffit qu'il existe deux coefficients λ, μ, tels que l'on ait identiquement, quels que soient δx_1, δx_2, δx_3, δx_4, $\lambda\omega'_1 + \mu\omega'_2 = 0$, ce qui exige que dx_1, dx_2, dx_3, dx_4 vérifient les quatre équations

$$(10) \quad \left\{ \begin{array}{l} (\lambda A_{i1} + \mu B_{i1})\, dx_1 + (\lambda A_{i2} + \mu B_{i2}) dx_2 + \ldots + (\lambda A_{i4} + \mu B_{i4}) dx_4 = 0, \\ A_{ik} + A_{ki} = 0, \qquad B_{ik} + B_{ki} = 0 \qquad (i = 1, 2, 3, 4). \end{array} \right.$$

Pour que ces équations soient vérifiées par des valeurs non toutes nulles des dx_i, il faut et il suffit que le déterminant $D(\lambda, \mu)$ des coefficients soit nul

$$(11) \qquad D(\lambda, \mu) = \| \lambda A_{ik} + \mu B_{ik} \| = 0.$$

Ce déterminant symétrique gauche est égal au carré d'une forme quadratique $[F(\lambda, \mu)]^2$, et le rapport $\frac{\lambda}{\mu}$ doit être racine d'une équation du second degré

$$(12) \qquad F(\lambda, \mu) = 0.$$

Soit $\lambda = \lambda_1$, $\mu = \mu_1$ un système de solutions de cette équation. Tous les mineurs du premier ordre du déterminant $D(\lambda_1, \mu_1)$ étant nuls, les quatre équations (10), où l'on a $\lambda = \lambda_1$, $\mu = \mu_1$ se réduisent à deux équations seulement, et à cette solution de l'équation (12) correspond bien une famille de ∞^1 éléments singuliers.

La même interprétation permet de trouver les cas où le déterminant $D(\lambda, \mu)$ est identiquement nul.

Remarquons pour cela que la relation $\| A_{ik} \| = 0$ est la condition nécessaire et suffisante pour que le complexe C_1 soit un complexe singulier formé des droites qui rencontrent une droite fixe Δ_1, car on obtient cette condition en exprimant qu'il existe des points $(dx_1, \ldots, dx_4)$, tels que toute droite passant par un de ces points fasse partie du complexe.

Pour que le déterminant $D(\lambda, \mu)$ soit identiquement nul, il faut donc que les deux complexes C_1 et C_2 soient des complexes singuliers et qu'il en soit de même de tous les complexes du faisceau déterminé par ces deux complexes C_1 et C_2; il en sera ainsi si les axes Δ_1 et Δ_2 des deux complexes singuliers C_1 et C_2 ont un point commun P, et dans ce cas seulement. Le point P représente alors un élément intégral qui est en involution avec tous les autres éléments intégraux de S, c'est-à-dire un élément caractéristique, et *le système* S *est de classe inférieure à six*.

Inversement, si le système S est de classe inférieure à six, un élément caractéristique ($dx_1, \ldots, dx_4$) est en involution avec tout autre élément linéaire intégral, et la droite qui joint les deux points-images de ces éléments appartient à tous les complexes du faisceau déterminé par C_1 et C_2; $dx_1, \ldots, dx_4$ vérifient donc les équations (10), quels que soient λ et μ, et par suite le déterminant $D(\lambda, \mu)$ est identiquement nul.

Lorsque les deux équations (8) et (9) ne sont pas distinctes, les deux complexes C_1 et C_2 sont identiques, et les raisonnements ne s'appliquent plus. On peut alors trouver deux coefficients λ, μ, dont l'un au moins est différent de zéro, tels que $\lambda\omega'_1 + \mu\omega'_2$ soit identiquement nul pour deux éléments intégraux quelconques. Le covariant bilinéaire Ω'_1 de l'équation $\Omega_1 = \lambda\omega_1 + \mu\omega_2 = 0$ est nul, quels que soient les deux éléments intégraux. Prenons cette équation $\Omega_1 = 0$ pour l'une des équations du système, et supposons-la de cinquième classe et ramenée à la forme canonique

$$\Omega_1 = dy_5 + y_2\,dy_1 + y_4\,dy_3 = 0.$$

On peut prendre pour seconde équation du système une équation ne renfermant pas dy_5

$$\Omega_2 = Y_1\,dy_1 + Y_2\,dy_2 + Y_3\,dy_3 + Y_4\,dy_4 + Y_6\,dy_6 = 0.$$

Le covariant $\Omega'_1 = dy_1\,\delta y_2 - dy_2\,\delta y_1 + dy_3\,\delta y_4 - dy_4\,\delta y_3$ ne peut être nul pour deux éléments intégraux quelconques, si Y_6 n'est pas nul, puisque $dy_1, \ldots, dy_4, \delta y_1, \ldots, \delta y_4$ peuvent alors être choisis arbitrairement. Si $Y_6 = 0$, l'équation $\Omega_2 = 0$ représente un plan P, en adoptant la même interprétation géométrique, tandis que l'équation $\Omega'_1 = 0$ représente un complexe linéaire non singulier C. Il faudrait donc, pour que Ω'_1 fût nul pour deux éléments intégraux quelconques, que toutes les droites du plan P fassent partie du complexe C, ce qui est impossible. L'équation $\Omega_1 = \lambda\omega_1 + \mu\omega_2 = 0$ ne peut donc être de cinquième classe. On verrait de la même façon que, si cette équation est de classe *trois*, le système S est de classe cinq. Il faut donc, si S est de classe six, que Ω_1 soit de classe un, et ce système admet une combinaison intégrable $\Omega_1 = dy_5 = 0$.

La réciproque est immédiate. Si un système S de classe six admet une combinaison intégrable $dy_5 = 0$, il se compose de cette équation, jointe à une autre équation de classe cinq. Un élément intégral quelconque est en involution avec ∞^2 éléments intégraux, et il n'y a pas d'éléments singuliers.

En résumé, tout système S_6, pour lequel il n'existe pas de combinaison intégrable, admet deux familles, en général distinctes, de ∞^1 éléments singuliers dont chacun est en involution avec ∞^2 éléments intégraux. Les éléments singuliers de chaque famille sont déterminés par un système de quatre équations de Pfaff distinctes; on peut prendre évidemment pour deux d'entre elles les deux équations $\omega_1 = 0$, $\omega_2 = 0$ du système S_6. Soient

$$(13) \qquad \omega_1 = 0, \quad \omega_2 = 0, \quad \omega_3 = 0, \quad \omega_4 = 0$$

les équations qui définissent une de ces familles d'éléments singuliers. Il existe une infinité d'intégrales à une dimension de ce système, dépendant d'une fonction arbitraire, car si l'on établit une relation arbitraire entre deux des variables, telle que $x_2 = f(x_1)$, il reste un système de quatre équations différentielles entre cinq variables. Ces intégrales à une dimension du système (13) sont les *caractéristiques de Monge* du système S_6. Il y a donc en général deux familles distinctes de caractéristiques de Monge du système S_6. Ces multiplicités jouissent de propriétés analogues à celles des caractéristiques d'une équation aux dérivées partielles du second ordre.

Les ∞^2 éléments intégraux d'une multiplicité $\mathfrak{M}_2$, issus d'un point de cette multiplicité, étant deux à deux en involution, sont représentés par les points d'une droite de la congruence linéaire représentée par les relations (8) et (9), et les deux points de rencontre de cette droite avec les directrices Δ_1, Δ_2 représentent deux éléments singuliers. Tout point de $\mathfrak{M}_2$ est donc l'origine de deux éléments singuliers tangents à $\mathfrak{M}_2$, et l'on en conclut facilement que $\mathfrak{M}_2$ peut être engendrée par des caractéristiques de Monge de chacune des deux familles [1].

---

(1) On a toujours supposé, dans cette discussion, les éléments (dx_i), (δx_i) issus d'un point (x_i) *de situation générale* dans l'espace à six dimensions. Pour certains systèmes, il peut se faire qu'il existe une hypersurface H_k ($k < 6$) telle que les deux

4. Formes réduites d'un système S. — Soit S_6 un système de classe six, n'admettant pas de combinaison intégrable. Soit (λ, μ) un système de solutions non toutes nulles de l'équation (12). D'après la façon même dont on a obtenu cette équation, il existe une famille d'éléments singuliers ($dx_1, \ldots, dx_4$) qui sont en involution avec tout autre élément intégral relativement à l'équation

$$\Omega = \lambda\omega_1 + \mu\omega_2 = 0.$$

Nous dirons que cette équation $\Omega = 0$ est une *équation singulière* du système S_6; les propriétés qui la définissent sont indépendantes des variables choisies. Toute équation singulière se change donc en une équation singulière quand on effectue un changement de variables quelconque. Supposons d'abord cette équation singulière de classe cinq; on peut alors choisir un système de six variables x, y, z, p, q, u de façon que l'équation singulière soit mise sous forme canonique, et les équations du système S_6 deviennent

$$(14)\qquad \begin{cases} \Omega_1 = dz - p\,dx - q\,dy = 0, \\ \Omega_2 = X\,dx + Y\,dy + P\,dp + Q\,dq + U\,du = 0. \end{cases}$$

Si la seconde équation contient du, la condition

$$\Omega'_1 = dp\,\delta x - dx\,\delta p + dq\,\delta y - dy\,\delta q = 0$$

ne peut être vérifiée, quel que soit l'élément intégral (δx, δy, ..., δu) qu'en supposant $dx = dy = dp = dq = 0$, et par suite $dz = du = 0$, puisque δx, δy, δp, δq peuvent être choisis arbitrairement. Si $\Omega_1 = 0$ est une équation singulière, on a donc nécessairement $U = 0$. Si cette condition est satisfaite, l'équation $\Omega'_1 = 0$ sera identique à la seconde des équations (14), où d serait remplacé par δ, pourvu que l'élément intégral (dx, dy, dp, dq, dz) vérifie les relations

$$(15)\qquad \frac{dx}{P} = \frac{dy}{Q} = \frac{-dp}{X} = \frac{-dq}{Y} = \frac{dz}{Pp + Qq}$$

équations (8) et (9) se réduisent à une seule lorsque le point (x_i) est situé sur H_k. Tous les éléments linéaires intégraux qui ont pour origine un point de H_k peuvent donc être considérés comme des éléments singuliers. Toute multiplicité intégrale de S, appartenant à H_k, est une *intégrale singulière*. Les coordonnées d'un point de H_k pouvant s'exprimer au moyen de k variables, la recherche de ces intégrales singulières se ramène à l'intégration d'un système à moins de six variables.

et nous arrivons à la conclusion suivante : *Tout système de deux équations de Pfaff de classe six peut, en général, être ramené de deux façons différentes, et de deux seulement, à la forme réduite*

$$(16) \quad \begin{cases} \Omega_1 = dz - p\,dx - q\,dy = 0, \\ \Omega_2 = X\,dx + Y\,dy + P\,dp + Q\,dq = 0. \end{cases}$$

A chaque forme réduite correspond une famille d'éléments singuliers définis par les quatre équations (15). Ces quatre équations déterminent les rapports des cinq différentielles $dx, \ldots, dq$, mais *du* reste arbitraire. La démonstration montre en même temps quelles sont les opérations à effectuer pour obtenir cette forme réduite. L'équation $F(\lambda, \mu) = 0$ étant résolue, on aura à ramener l'équation singulière $\lambda\omega_1 + \mu\omega_2 = 0$ à une forme canonique. Les variables x, y, z, p, q qui figurent dans cette forme canonique sont déterminées à une transformation (T) près. Quant à la sixième variable u, on peut la choisir à volonté, pourvu qu'elle soit distincte des cinq variables $x, \ldots, q$.

On peut profiter de cette indétermination de u pour simplifier encore la seconde des équations (16). En effectuant d'abord, si c'est nécessaire, une transformation (T) convenable, on peut supposer que le rapport $\frac{Q}{P}$ contient la variable u, et prendre ce rapport lui-même pour la dernière variable. Les équations (16) deviennent alors

$$(I) \quad dz - p\,dx - q\,dy = 0, \qquad dp - u\,dq - a\,dx - b\,dy = 0,$$

a, b étant des fonctions des six variables $x, y, \ldots, u$. M. Duport (24) a démontré le premier, par une méthode toute différente, qu'un système S où figurent six variables peut en général être ramené à la forme (I) de deux façons différentes. Dans cette forme réduite figurent deux fonctions arbitraires de six variables. On ne peut obtenir, si le système S est *quelconque*, une forme réduite où figurent moins de deux fonctions arbitraires. En effet, le système, étant supposé résolu par rapport à deux des différentielles, contient huit coefficients arbitraires. Quand on effectue un changement de variables, on dispose de six fonctions arbitraires que l'on peut choisir de façon que six des coefficients du nouveau système aient des expressions données à l'avance; il restera donc deux coefficients indéterminés dans le nouveau système d'équations.

En cherchant directement les éléments singuliers du système (I), on obtient d'abord le système défini par les relations (15), qui deviennent ici

$$(15)' \qquad \frac{dx}{1} = \frac{dy}{-u} = \frac{dp}{a} = \frac{dq}{b} = \frac{dz}{p-qu},$$

et une nouvelle famille d'éléments singuliers, déterminés par les quatre équations

$$(17) \quad \begin{cases} \Omega_1 = 0, \quad \Omega_2 = 0, \quad dq + \dfrac{\partial a}{\partial u} dx + \dfrac{\partial b}{\partial u} dy = 0, \\ \left(A + B\dfrac{\partial b}{\partial u} - C\dfrac{\partial a}{\partial u}\right)(u\,dx + dy) \\ \quad = \left(u\dfrac{\partial b}{\partial u} - b - \dfrac{\partial a}{\partial u}\right)(B\,dx + C\,dy - du), \end{cases}$$

où l'on a posé

$$A = \frac{db}{dx} - \frac{da}{dy}, \qquad B = \frac{\partial a}{\partial q} + u\frac{\partial a}{\partial p}, \qquad C = \frac{\partial b}{\partial q} + u\frac{\partial b}{\partial p},$$
$$\frac{d}{dx} = \frac{\partial}{\partial x} + p\frac{\partial}{\partial z}, \qquad \frac{d}{dy} = \frac{\partial}{\partial y} + q\frac{\partial}{\partial z}.$$

L'équation singulière correspondante est

$$(18) \qquad \left(u\frac{\partial b}{\partial u} - b - \frac{\partial a}{\partial u}\right)\Omega_2 - \left(A + B\frac{\partial b}{\partial u} - C\frac{\partial a}{\partial u}\right)\Omega_1 = 0.$$

Si $u\frac{\partial b}{\partial u} - b - \frac{\partial a}{\partial u}$ n'est pas nul, ce qui est le cas général, les deux familles d'éléments singuliers sont distinctes. Lorsque $u\frac{\partial b}{\partial u} - b - \frac{\partial a}{\partial u}$ est nul, sans que $A + B\frac{\partial b}{\partial u} - C\frac{\partial a}{\partial u}$ soit nul, les deux familles d'éléments singuliers sont confondues. Enfin, si les coefficients de Ω_1 et de Ω_2 dans l'équation (18) sont nuls à la fois, le système admet des éléments caractéristiques définis par les cinq relations

$$u\,dx + dy = 0, \qquad dq + \frac{\partial a}{\partial u}dx + \frac{\partial b}{\partial u}dy = 0,$$
$$B\,dx + C\,dy - du = 0, \qquad \Omega_1 = 0, \qquad \Omega_2 = 0,$$

et le système est de classe cinq.

Inversement, tout système S_3 peut être ramené d'une infinité de manières à la forme (I), où les coefficients a et b vérifient les conditions énoncées. Soit $\Omega_1 = 0$ une équation de classe cinq d'un système S_5; si on la suppose ramenée à la forme canonique, la seconde équation du système ne pourra renfermer la différentielle du de la sixième variable. En effet, pour qu'un élément (dx, dy, dp, dq) soit un élément caractéristique, il faut que la relation

$$dx\,\delta p - dp\,\delta x + dy\,\delta q - dq\,\delta y = 0$$

soit vérifiée pour tous les éléments intégraux $(\delta x, \delta y, \delta p, \delta q)$, ce qui est impossible si la seconde contient du, puisque les valeurs de δx, δy, δp, δq peuvent alors être prises arbitrairement.

Une équation singulière d'un système S_6 peut aussi être de classe trois, et inversement; si des équations $\omega_1 = 0$, $\omega_2 = 0$ d'un système S_6 on peut déduire une combinaison $\lambda\omega_1 + \mu\omega_2 = \Omega_1 = 0$, de classe trois, cette équation $\Omega_1 = 0$ est une des équations singulières du système. Soit en effet $du - w\,dv = 0$ une forme canonique pour cette équation. En ajoutant aux trois relations $du = 0$, $dv = 0$, $dw = 0$ la seconde équation du système S_6, on obtient une famille d'éléments singuliers, dont chacun est en involution avec tout autre élément intégral relativement à l'équation $\Omega_1 = 0$. Il n'y a pas lieu de revenir sur le cas où le système S_6 admettrait une combinaison intégrable, puisqu'il n'y a pas d'éléments singuliers.

La discussion de tous les cas particuliers possibles est un peu longue, mais ne présente pas de difficultés (30). Je rappellerai seulement les résultats.

1° *Cas général.* — L'équation (12) a deux racines distinctes, et à chacune d'elles correspond une équation singulière de classe cinq. Le système S_6 peut être ramené de deux façons différentes à la forme (I). Il y a deux familles distinctes d'éléments singuliers, et les équations différentielles qui définissent une famille admettent *au plus deux combinaisons intégrables distinctes.*

2° L'équation (12) a une racine double à laquelle correspond une équation singulière de classe cinq. Le système S_6 peut être ramené d'une seule façon à la forme (I), et l'on a, pour cette forme réduite,

$$\frac{\partial a}{\partial u} + b - u\frac{\partial b}{\partial u} = 0.$$

3° L'équation (12) a deux racines distinctes, dont l'une fournit une équation singulière de classe cinq, et la seconde une équation singulière de classe trois. Le système S_6 peut être ramené à la forme (I), et à une autre forme réduite

$$\text{(II)} \quad \Omega_1 = dy_3 - y_2\,dy_1 = 0, \qquad \Omega_2 = dy_5 - y_6\,dy_4 - a\,dy_1 - b\,dy_2 = 0,$$

a et b n'étant pas nuls à la fois. Les équations différentielles de la famille d'éléments singuliers correspondant à l'équation singulière $\Omega_1 = 0$ sont $dy_1 = 0$, $dy_2 = 0$, $dy_3 = 0$, $dy_5 - y_6\,dy_4 = 0$ et admettent *trois* combinaisons intégrables distinctes.

4° L'équation (12) a deux racines distinctes dont chacune correspond à une équation singulière de classe trois; S_6 peut être ramené à la *forme canonique*

$$\text{(III)} \quad \Omega_1 = dy_3 - y_2\,dy_1, \qquad \Omega_2 = dy_6 - y_5\,dy_4 = 0,$$

et les équations différentielles de chaque famille d'éléments singuliers admettent *trois* combinaisons intégrables.

5° L'équation (12) a une racine double qui donne une équation singulière de classe trois; S_6 peut être ramené à une *forme canonique*

$$\text{(IV)} \quad \Omega_1 = dz - p\,dx - q\,dy = 0, \qquad \Omega_2 = du - q\,dp = 0,$$

et les équations différentielles des éléments singuliers forment un système complètement intégrable.

6° Lorsque les deux équations (8) et (9) ne sont pas distinctes, on a déjà remarqué que le système S_6 admet une combinaison intégrable; il peut donc être ramené à la *forme canonique*

$$\text{(V)} \quad \Omega_1 = dz - p\,dx - q\,dy = 0, \qquad \Omega_2 = du = 0.$$

Dans ce cas, quoiqu'il n'y ait pas d'éléments singuliers, l'équation (12) a une racine double, à laquelle correspond l'équation $\Omega_2 = 0$.

Pour compléter l'énumération des formes réduites auxquelles on peut ramener un système de deux équations de Pfaff où figurent six variables, il faut ajouter aux types précédents les formes qui conviennent aux systèmes S_5 et S_4 (26).

Un système S_5 peut en général se ramener d'une infinité de façons à une forme réduite (26)

(VI) $\Omega_1 = dy_3 - y_2\,dy_1 = 0, \qquad \Omega_2 = dy_4 - f\,dy_1 - y_5\,dy_2 = 0,$

où f n'est pas une fonction linéaire de y_5, et dans certains cas à la forme canonique

(VII) $dy_2 - y_4\,dy_1 = 0, \qquad \Omega_2 = dy_3 - y_5\,dy_1 = 0.$

Un système S_4 peut de même être ramené à l'une des formes canoniques

(VIII) $\Omega_1 = dy_2 - y_3\,dy_1 = 0, \qquad \Omega_2 = dy_3 - y_4\,dy_1 = 0,$

(IX) $\Omega_1 = dy_2 = 0, \qquad \Omega_2 = dy_3 - y_4\,dy_1 = 0.$

Un système S associé à un problème (B) ne peut être complètement intégrable, car une combinaison linéaire de deux équations $df_1 = 0$, $df_2 = 0$ ne peut être de classe cinq.

La réduction d'un système donné S à l'une des formes qui viennent d'être énumérées exige l'intégration d'un ou de plusieurs systèmes d'équations différentielles et des changements de variables.

5. Recherche des intégrales $\mathfrak{M}_2$. Résolvantes de première espèce. — La détermination des intégrales $\mathfrak{M}_i$ du système S est facile, lorsque ce système a été ramené à l'une des formes canoniques (III), (IV), (V), (VII), (VIII), (IX). Par exemple, dans le cas de la forme (IV), toutes les intégrales $\mathfrak{M}_2$ sont données par un des systèmes de quatre équations

(I) $u = f(p), \quad q = f'(p), \quad z - px - yf'(p) = \varphi(p), \quad x + yf''(p) = -\varphi'(p),$

(II) $p = C_1, \quad u = C_2, \quad z - C_1 x = \varphi(y), \quad q = \varphi'(y),$

(III) $p = C_1, \quad u = C_2, \quad z - C_1 x = C_3, \quad y = C_4.$

Remarquons que lorsque S peut être ramené à l'une des formes (VII), (VIII), (IX) ce système admet des intégrales $\mathfrak{M}_3$. Lorsque le système est de classe cinq et a été mis sous la forme réduite (VI), toutes les intégrales $\mathfrak{M}_2$ sont encore définies par l'un des systèmes de quatre relations

(α) $\begin{cases} y_3 = F(y_1), \quad y_2 = F'(y_1), \quad y_4 = \Phi(y_1), \\ \Phi'(y_1) - f - y_5 F''(y_1) = 0, \end{cases}$

(β) $y_1 = C_1, \quad y_3 = C_3, \quad y_4 = \Phi(y_2), \quad y_5 = \Phi'(y_2),$

(γ) $y_1 = C_1, \quad y_3 = C_3, \quad y_2 = C_2, \quad y_4 = C_4.$

Dans tous ces cas, le système S admet une intégrale générale explicite, représentée par un ou plusieurs systèmes de relations entre les variables x_i ([1]).

Voici quelques exemples de problèmes (B) dont le système associé S rentre dans l'une des catégories précédentes. Les quatre équations $x' = x$, $y' = y$, $p' = -q$, $q' = p$ conduisent au système de Pfaff $dz = p\,dx + q\,dy$, $dz' = -q\,dx + p\,dy$, qui se ramène à la forme canonique (III)

$$d(z + iz') = (p - iq)\,d(x + iy), \qquad d(z - iz') = (p + iq)\,d(x - iy);$$

c'est, sous une autre forme, le résultat classique de la théorie des fonctions analytiques.

Le problème (B) défini par les relations $p' = p$, $q' = q$, $x' = x$, $y' = y + p$ conduit au système de forme canonique (IV)

$$dz - p\,dx - q\,dy, \qquad d(z' - z) = q\,dp.$$

La solution est donnée par deux surfaces développables à génératrices parallèles, qui se correspondent point par point d'après les relations données.

Il existe aussi une infinité de problèmes (B) dont le système associé S_6 peut être ramené à la forme canonique (V). Supposons que les équations $F_i = 0$ permettent d'exprimer x', y', z', p', q' au moyen de x, y, z, p, q et d'une sixième variable u. Si le système associé est réductible à la forme (V), on a une identité de la forme

$$dz' - p'\,dx' - q'\,dy' = \lambda\,dU + \mu(dz - p\,dx - q\,dy),$$

U, λ, μ étant des fonctions, qui peuvent être quelconques *a priori*, des six variables. Si l'on ajoute aux quatre relations (1) l'équation $U = C$, qui détermine u en fonction de x, y, z, p, q et de la constante C, les cinq fonctions obtenues x', y', z', p', q' des variables x, y, z, p, q satisfont à l'identité

$$dz' - p'\,dx' - q''dy' = \mu(dz - p\,dx - q\,dy);$$

([1]) Il peut exister aussi, dans certains cas, des intégrales dites *singulières*, qui ne sont pas données par l'application des formules générales. Les transformations qui permettent de ramener le système à une forme canonique ne s'appliquent pas à ces intégrales. C'est la généralisation d'un fait bien connu pour les équations aux dérivées partielles du premier ordre.

ces formules définissent donc une infinité de transformations de contact, dépendant d'une constante arbitraire. On peut choisir arbitrairement la multiplicité M_2, et il lui correspond ∞^1 multiplicités M'_2.

Par exemple, le problème (B) défini par les relations

$$p' = p, \quad q' = q, \quad \frac{x'-x}{p} = \frac{y'-y}{q} = \frac{z'-z}{-1} = u$$

a pour système associé le système canonique

$$dz = p\,dx + q\,dy, \quad d\left(u\sqrt{1+p^2+q^2}\right) = 0;$$

la propriété générale se vérifie immédiatement, car les formules précédentes expriment le parallélisme de deux surfaces.

Les quatre équations

$$x' = q'y - \frac{x+y}{q}, \quad y' = z - px, \quad p' = p, \quad z' = y + p'x'$$

ont pour système associé le système S_4

$$d(z - px) = y\,dp, \quad q\,dy = (x+y)\,dp$$

dont l'intégrale générale est représentée par un système de trois relations seulement

$$z = px + f(p), \quad y = f'(p), \quad x = qf''(p) - f'(p),$$

les variables indépendantes étant p et q. On a ensuite

$$x' = uf'(p) - f''(p), \quad y' = f'(p), \quad z' = px' + f'(p), \quad p' = p, \quad q' = u,$$

u désignant une nouvelle variable indépendante. Les deux multiplicités M_2 et M'_2 ont pour supports ponctuels deux surfaces réglées dont les génératrices ($p = \text{const.}$) se correspondent, mais on peut faire correspondre les éléments de ces deux multiplicités d'une infinité de façons, car on peut choisir pour u une fonction arbitraire de q. Ceci se rattache à une propriété générale des problèmes (B) dont le système associé admet des intégrales $\mathfrak{M}_3$ à trois dimensions. Le point $(x, y, z, \ldots, q)$ décrit alors dans l'espace à dix dimensions une multiplicité N_3, mais l'élément (x, y, z, p, q) devant engendrer une multiplicité M_i, les coordonnées x, y, z, p, q dépendent au plus de deux variables indépendantes, et pour la même raison x', y', z', p', q' dépendent au plus de deux variables. Supposons, pour préciser, que ces deux éléments décrivent deux multiplicités M_2, M'_2; x, y, z, p, q sont fonctions de deux paramètres u, v, et x', y', z', p', q' sont fonctions de deux autres paramètres u', v'; mais ces quatre paramètres sont liés par une relation $f_1 = 0$, puisque la multiplicité N_3 est à trois dimensions. Si l'on établit entre ces quatre paramètres une autre relation de forme arbitraire $f_2 = 0$, on établit une correspondance entre les éléments de M_2 et de M'_2.

Il nous reste enfin à examiner le cas général d'un système S_6 pouvant se ramener à la forme réduite (16). Soit $\mathfrak{M}_2$ une intégrale de ce système, pour laquelle x et y ne sont liées par aucune relation [1]. Si l'on prend x et y pour variables indépendantes, $\mathfrak{M}_2$ est représentée par un système de relations

$$(19) \qquad z = f(x, y), \qquad p = \frac{\partial f}{\partial x}, \qquad q = \frac{\partial f}{\partial y}, \qquad u = \varphi(x, y).$$

La seconde des équations (15) prouve que u doit satisfaire aux deux conditions

$$(20) \qquad X + Pr + Qs = 0, \qquad Y + Ps + Qt = 0,$$

r, s, t désignant les dérivées secondes de $f(x, y)$. L'élimination de u entre ces deux relations conduit à une équation aux dérivées partielles du second ordre en z

$$(21) \qquad F(x, y, z, p, q, r, s, t) = 0,$$

dont l'intégration fera connaître toutes les intégrales $\mathfrak{M}_2$ du système S_6 pour lesquelles il n'y a aucune relation entre x et y. Cette

---

[1] Si le système S_6 admet des intégrales $\mathfrak{M}_2$ pour lesquelles x et y ne soient pas indépendants, l'élément (x, y, z, p, q) décrit toujours une multiplicité M_2 ou une multiplicité M_1. Si l'élément décrit une multiplicité M_2, il suffira d'une transformation (T) pour être ramené au cas général. Si l'élément (x, y, z, p, q) décrit une multiplicité M_1 représentée par les formules

$$x = f_1(\alpha), \qquad y = f_2(\alpha), \qquad z = f_3(\alpha), \qquad p = \varphi_1(\alpha), \qquad q = \varphi_2(\alpha),$$

α étant un paramètre variable, il faudra que la seconde des équations (14) soit vérifiée identiquement, quel que soit u, quand on y remplace x, y, z, p, q par les expressions précédentes. Les coordonnées d'un point de $\mathfrak{M}_2$ dépendent alors des deux paramètres α et u.

Un système S_6 admet une infinité d'intégrales de cette espèce lorsque la résolvante E_1 est une équation de Monge-Ampère, et les multiplicités M_1 correspondantes sont les caractéristiques du premier ordre de E_1.

équation du second ordre n'est pas d'une forme arbitraire; en effet, si l'on regarde, dans les équations (20), x, y, z, p, q comme ayant des valeurs données, r, s, t comme les coordonnées cartésiennes d'un point, ces équations représentent une droite parallèle à une génératrice du cône $rt - s^2 = 0$, dépendant d'un paramètre u, et l'élimination de ce paramètre conduit à une équation qui, avec les mêmes conventions, représente une surface réglée dont chaque génératrice est parallèle à une génératrice, en général variable, du cône $rt - s^2 = 0$. Nous dirons, pour abréger, que l'équation (20) est une *résolvante de première espèce* du système S_6, et nous la représenterons par E_1.

Les équations de cette espèce admettent une famille de *caractéristiques du premier ordre* (**26**, Chap. IV); en éliminant le paramètre u entre les quatre équations (15), on obtient deux relations homogènes en dx, dy, dp, dq,

$$(22) \quad \Phi_1(x, y, z, dx, dy, dp, dq) = 0, \qquad \Phi_2(x, y, z, dx, dy, dp, dq) = 0,$$

qui, jointes à l'équation $dz = p\,dx + q\,dy$, déterminent une famille de caractéristiques du premier ordre de l'équation (21).

Tout système S_6 pouvant en général être mis sous la forme (16) de deux façons différentes, on en conclut que *la recherche des intégrales $\mathfrak{M}_2$ d'un système S_6 peut en général se ramener de deux façons différentes à l'intégration d'une équation aux dérivées partielles du second ordre, admettant une famille de caractéristiques du premier ordre.*

Autrement dit, tout système S_6 possède en général deux résolvantes distinctes de première espèce E_1, E'_1, qui ne sont définies qu'à une transformation T près. Il n'y a qu'une résolvante de première espèce lorsque l'équation (12) a une racine double correspondant à une équation singulière de classe 5, ou lorsque l'une des équations singulières est de classe 5, l'autre de classe 3. Il n'y a pas de résolvante de première espèce lorsque S_6 peut être mis sous l'une des formes canoniques (III), (IV), (V).

Soit E_1 la résolvante de première espèce représentée par l'équation (21). Cette équation admet, outre le système de caractéristiques du premier ordre (22), un autre système de caractéristiques, en général du second ordre. Supposons le système S_6 ramené à la forme réduite (I); l'équation E_1 s'obtiendra en éliminant u entre les deux équations $r = us + a$, $s = ut + b$, que l'on peut considérer comme définissant deux fonctions r et u de x, y, z, p, q, s, t. Les règles habituelles du calcul différentiel donnent aisément les expressions des dérivées partielles

$$\frac{\partial r}{\partial s} = u + \left(s + \frac{\partial a}{\partial u}\right) : \left(t + \frac{\partial b}{\partial u}\right), \qquad \frac{\partial r}{\partial t} = u + \left(s + \frac{\partial a}{\partial u}\right) : \left(t + \frac{\partial b}{\partial u}\right).$$

L'équation différentielle en $\frac{dy}{dx}$ qui détermine les deux familles de caractéristiques sur une surface intégrale admet la racine $\frac{dy}{dx} = -u$, qui convient aux caractéristiques du premier ordre, et une seconde racine $\frac{dy}{dx} = \left(s + \frac{da}{du}\right) : \left(t + \frac{db}{du}\right)$.

Pour que les deux familles de caractéristiques soient confondues, il faut et il suffit que a et b vérifient une relation déjà obtenue

$$\frac{\partial a}{\partial u} + b - u\frac{\partial b}{\partial u} = 0$$

(page 14) qui exprime aussi que les deux familles d'éléments singuliers de S_6 sont confondues. En conservant les conventions déjà expliquées, l'équation E_1 représente alors une surface développable dont le plan tangent reste parallèle à un plan tangent au cône $rt - s^2 = 0$.

Les systèmes S_6 ne sont pas les seuls qui possèdent des résolvantes de première espèce. On a vu en effet que tout système S_5 peut se mettre d'une infinité de façons sous la forme (14). Si les rapports des coefficients X, Y, P, Q ne sont pas tous indépendants de u, le système est en général de classe 6, mais peut être de classe 5. Tout système S_5 possède donc une infinité de résolvantes de première espèce, mais ces résolvantes forment une *classe spéciale*, qui possède des propriétés très particulières. Les conditions obtenues (p. 14) qui expriment que le système (14) est de classe 5, expriment aussi que la résolvante E_1 correspondante a ses deux familles de caractéristiques confondues, et de plus, que les équations qui déterminent les intégrales intermédiaires $f(x, y, z, p, q) = C$ de l'équation E_1 forment *un système en involution*. On peut écrire explicitement l'intégrale générale d'une équation de cette classe, quand on a intégré le système qui détermine les intégrales intermédiaires de E_1, ce qui est bien d'accord avec ce qui a été dit plus haut des systèmes S_5 (11, 36).

En résumé, *les seuls systèmes S_i qui possèdent des résolvantes* *de première espèce sont les systèmes* S_6, *qui ne peuvent être ramenés à l'une des formes canoniques* (III), (IV), (V), *et les systèmes* S_5. *Un système* S_6 *a au plus deux résolvantes de première espèce, tandis qu'un système* S_5 *en a une infinité appartenant à la classe spéciale.*

Réciproquement, *toute équation aux dérivées partielles du second ordre* E, *qui possède une famille de caractéristiques du premier ordre, est une résolvante de première espèce pour un système* S_6, *si elle n'appartient pas à la classe spéciale, et pour un système* S_5, *si elle appartient à la classe spéciale.*

Soient en effet

$$X + Pr + Qs = 0, \qquad Y + Ps + Qt = 0 \tag{23}$$

les équations qui représentent une génératrice rectiligne de la surface représentée par l'équation E, dans l'espace (r, s, t), X, Y, P, Q étant des fonctions de x, y, z, p, q et d'un paramètre u. L'équation E s'obtient en éliminant le paramètre u entre les relations (23); c'est donc une résolvante de première espèce pour le système (14), où X, Y, P, Q seraient les mêmes que dans les formules (23). Ce système S est de classe 6, à moins que E n'appartienne à la classe spéciale; et dans ce dernier cas il est de classe 5. Les équations d'une génératrice de E peuvent s'écrire d'une infinité de façons sous la forme (23) en changeant le paramètre u, mais les systèmes S ainsi obtenus ne sont pas distincts, et se ramènent l'un à l'autre par un changement de variables.

Si l'équation E est une équation de Monge-Ampère avec deux familles distinctes de caractéristiques, à chacune d'elles correspond un système S_6 dont E est une résolvante de première espèce. Par exemple $s = 0$ est une résolvante de première espèce pour les deux systèmes $(dz = p\,dx + q\,dy,\ dp = u\,dx)$, $(dz = p\,dx + q\,dy,\ dq = u\,dy)$.

Lorsqu'un système S_6 possède deux équations singulières distinctes, l'une de classe 5, l'autre de classe 3, elle a une seule résolvante de première espèce E_1 et *cette résolvante admet une intégrale intermédiaire dépendant d'une fonction arbitraire*. Supposons en effet que des équations (16) on puisse déduire une équation de classe 3, $dU = W\,dV$, où U, V, W sont des fonctions de x, y, z, p, q, u. Pour toute intégrale du système (16), on a deux relations de la forme $U = F(V)$, $W = F'(V)$, F pouvant être choisie arbitrairement. L'élimination de u conduit à une relation entre x, y, z, p, q, c'est-à-dire à une intégrale intermédiaire de la résolvante, dépendant de la fonction arbitraire F.

Inversement, si une équation du second ordre E admet une intégrale intermédiaire dépendant d'une fonction arbitraire ou, ce qui revient au même, une intégrale intermédiaire dépendant de deux constantes arbitraires, telle que $b = V(x, y, z, p, q, a)$, cette équation peut s'obtenir en éliminant a entre les deux relations

$$\frac{\partial V}{\partial x} + p\frac{\partial V}{\partial z} + \frac{\partial V}{\partial p}r + \frac{\partial V}{\partial q}s = 0, \qquad \frac{\partial V}{\partial y} + q\frac{\partial V}{\partial z} + \frac{\partial V}{\partial p}s + \frac{\partial V}{\partial q}t = 0;$$

c'est donc une résolvante de première espèce du système

$$dz - p\,dx - q\,dy = 0$$
$$\left(\frac{\partial V}{\partial x} + p\frac{\partial V}{\partial z}\right)dx + \left(\frac{\partial V}{\partial y} + q\frac{\partial V}{\partial z}\right)dy + \frac{\partial V}{\partial p}dp + \frac{\partial V}{\partial q}dq = 0,$$

où figurent les six variables x, y, z, p, q, a, et l'on peut en déduire immédiatement une équation de classe 3, $dV - \frac{\partial V}{\partial a}da = 0$. Ce fait général donne la raison d'une remarque de Clairin (13). Supposons que des quatre équations (1) on puisse déduire une relation ne contenant que x', y', z', p', q'; on peut toujours supposer, en effectuant une transformation (T) convenable, que cette relation est $y' = 0$. Le système S associé est alors, en prenant pour variables x, y, z, p, q, et une des lettres accentuées

$$dz = p\,dx + q\,dy, \qquad dz' = p'\,dx'.$$

Ce système admet donc une équation singulière de classe 3, et par conséquent, s'il n'est pas réductible à l'une des formes canoniques (IV) ou (V), il a une résolvante de première espèce, qui possède une intégrale intermédiaire dépendant d'une fonction arbitraire. Remarquons encore que, dans un système S_5, on peut trouver une infinité d'équations de classe 3, ce qui est bien d'accord avec les propriétés des résolvantes de ce système.

6. **Les transformations B_1.** — Soient E_1, E'_1 les deux résolvantes de première espèce d'un système S_6. Ce système peut s'écrire sous la forme (16) avec un choix particulier des variables x, y, z, p, q, u,

et, avec un autre système de variables x', y', z', p', q', u', sous une forme analogue, où les lettres x, y, z, ... seraient remplacées par des lettres accentuées. Les résolvantes E_1, E'_1 correspondent respectivement à ces deux formes sous lesquelles on peut écrire le système S_6. *Les intégrales des deux équations* E_1, E'_1 *se correspondent une à une d'une façon univoque.* En effet, toute intégrale M_2 de E_1 est contenue dans une intégrale $\mathfrak{M}_2$ de S_6, et une seule, et cette intégrale $\mathfrak{M}_2$ contient elle-même une intégrale de E'_1 et une seule. D'une façon plus précise, soit $z = f(x, y)$ une intégrale de E_1 ; on a

$$p = \frac{df}{dx}, \qquad q = \frac{df}{dy},$$

et u est donné par les deux équations compatibles (20). Les variables x', y', ... s'exprimant au moyen des premières, les formules qui donnent x', y', z', p', q' au moyen des deux variables indépendantes x et y définissent une intégrale de E'_1 ; et de la même façon, de toute intégrale de E'_1 on peut déduire une intégrale et une seule de E_1. Nous dirons, d'après la classification de Clairin (13), que l'on passe de l'une des deux équations E_1, E'_1 à l'autre par une *transformation de Bäcklund* B_1.

L'élimination du paramètre u entre les cinq équations qui permettent d'exprimer x', y', z', p', q' au moyen de x, y, z, p, q, u conduira à un système de quatre relations entre les coordonnées des deux éléments de contact. Inversement, étant donné un système de quatre relations $F_i = 0$ entre les coordonnées de deux éléments, cherchons dans quels cas ces relations définissent une transformation B_1. Nous écarterons toujours le cas où l'on pourrait déduire des équations $F_i = 0$ une équation ne contenant que les coordonnées de l'un des éléments; nous avons remarqué en effet que le système associé ne peut admettre deux résolvantes de première espèce s'il est de classe 6 ([1]). En prenant pour variables x, y, z, p, q et une sixième variable u distincte de celles-là, de façon que x', y', z', p', q' s'expriment au moyen de x, y, z, p, q, u, le système de Pfaff associé au

---

([1]) Tout système S_6, pouvant être ramené d'une infinité de manières à la forme (16), possède une infinité de résolvantes de première espèce, qui sont de la classe spéciale définie plus haut. M. Cartan a démontré que toutes ces résolvantes pouvaient se déduire de l'une d'elles par des transformations de contact (11).

problème (B) défini par les relations $F_i = 0$ est

$$(24) \qquad dz = p\,dx + q\,dy, \qquad dz' = p'\,dx' + q'\,dy'.$$

Pour que l'élimination de la variable u conduise à une résolvante de première espèce pour déterminer z en fonction de x et de y, il faut et il suffit que la seconde des équations (24) ne renferme pas du, et ne contienne que les différentielles dx, dy, dz, dp, dq. S'il en est ainsi, la relation $dz' = p'dx' + q'dy'$ est une conséquence des relations $x = x_0$, $y = y_0$, $z = z_0$, $p = p_0$, $q = q_0$, et par conséquent les relations $F_i = 0$ font correspondre à un élément quelconque (x_0, y_0, z_0, p_0, q_0) une multiplicité M'_1 d'éléments (x', y', z', p', q'). On verrait de même que l'élimination des variables non accentuées conduira à la seconde résolvante de première espèce E'_1 du système S si les équations $F_i = 0$ font correspondre à un élément quelconque (x'_0, y'_0, z'_0, p'_0, q'_0) une multiplicité M_1 d'éléments (x, y, z, p, q). Donc, *pour que les relations* $F_i = 0$ *définissent une transformation* B_1, *il faut et il suffit qu'à un élément quelconque de chaque famille correspondent* ∞^1 *éléments de l'autre famille, formant une multiplicité* M *à une dimension.*

J. Clairin, auquel on doit cette interprétation (13), a indiqué un cas assez étendu où ces conditions sont vérifiées. Soient

$$\varphi_i(x, y, z, p, q) = C_i, \qquad \varphi'_i(x', y', z', p', q') = C'_i \qquad (i = 1, 2, 3, 4)$$

les équations de deux familles de multiplicité M_1, M'_1, dépendant respectivement des quatre paramètres C_i, ou C'_i. Il est évident que les équations $\varphi_i = \varphi'_i$ satisfont bien aux conditions de l'énoncé, et par conséquent définissent une transformation B_1.

Pour que les quatre équations

$$x' = x, \qquad y' = y, \qquad F_1(x, y, z', p, q, p', q') = 0, \qquad F_2(x, \ldots) = 0$$

définissent une transformation B_1, il faut et il suffit que $dz' = 0$ soit une conséquence de $dx = 0$, $dy = 0$, ..., $dq = 0$, et de même que $dz = 0$ soit une conséquence de $dx' = 0, \ldots, dq' = 0$. On pourra donc déduire des deux équations $F_1 = 0$, $F_2 = 0$ des valeurs de z et de z', telles que $z' = f_1(x, y, z, p, q)$, $z = f_2(x', y', z', p', q')$. La réciproque est évidente. Dans le cas particulier où f_2 se déduit de f_1 en accentuant les lettres z, p, q, il est clair que E'_1 se déduit de E_1 en accentuant les lettres z, p, q, r, s, t. La transformation B_1 permettra donc de déduire d'une intégrale de E_1 une nouvelle intégrale de la même équation.

Toute équation du second ordre à laquelle on peut appliquer une transformation B_1 possède nécessairement une famille de caractéristiques du premier ordre. Cette condition est en général suffisante. Supposons en effet que cette équation possède deux familles distinctes de caractéristiques, une du premier ordre et une du second ordre, et qu'elle n'admette pas d'intégrale intermédiaire dépendant de deux constantes arbitraires. Cette équation est alors une résolvante de première espèce d'un système S_6, entièrement déterminé, et qui possède une seconde résolvante de première espèce E'_1 qui est elle-même complètement définie, à une transformation (T) près. *De l'équation donnée* E, *on peut donc déduire, par une transformation* B_1, *une autre équation du second ordre et une seule* E', *à une transformation de contact près* (¹) (**13**, **30**). La démonstration montre en même temps quelle est la marche à suivre pour obtenir cette transformation. La seconde équation singulière de S_6 se détermine par des calculs linéaires, et il faudra ensuite ramener cette équation de Pfaff à une forme canonique. Ce dernier problème admet bien une infinité de solutions, mais les équations du second ordre auxquelles on est conduit se déduisent de l'une d'elles par des transformations (T).

La conclusion est en défaut si les deux familles de caractéristiques sont confondues, à moins que l'équation E n'appartienne à la classe spéciale (*voir* la note de la page 25). Elle est aussi en défaut si, les deux familles de caractéristiques étant distinctes, l'une du premier ordre, l'autre du second ordre, l'équation E admet une intégrale intermédiaire dépendant de deux constantes arbitraires. Enfin, *si l'équation* E *est une équation de Monge-Ampère ayant deux familles distinctes de caractéristiques, l'équation* E *provient de deux transformations* B_1 *distinctes, pourvu qu'elle n'admette, pour aucun système de caractéristiques, d'intégrale intermédiaire dépendant d'une fonction arbitraire.*

Soient $z=f(x, y)$ une intégrale de E_1 et $z'=\varphi(x', y')$ l'intégrale de E'_1 qui lui correspond par la transformation B_1. *Les caractéris-*

(¹) Ce résultat a été obtenu pour la première fois par J. Clairin (15) par une méthode toute différente.

tiques se correspondent sur ces deux intégrales. Soit en effet M_1 une caractéristique de la première intégrale, c'est-à-dire une multiplicité de ∞^1 éléments du premier ordre qui appartiennent aussi à une infinité d'autres intégrales de E_1; en particulier, il existe une infinité d'intégrales de E_1 ayant un contact du second ordre avec la première en chaque élément de M_1. Le long de M_1, x, y, z, p, q, r, s, t ont les mêmes valeurs pour toutes ces surfaces et sont des fonctions d'un paramètre α. Les éléments correspondants (x', y', z', p', q'), qui s'expriment au moyen de x, y, z, p, q, r, s, t, engendrent donc une multiplicité M'_1 qui appartient à une infinité d'intégrales de E'_1. Le support ponctuel de M'_1 est donc une courbe caractéristique commune à toutes ces intégrales.

Pour préciser la correspondance entre les deux familles de caractéristiques, remarquons que l'équation E_1 déduite de la forme réduite (16) a un premier système de caractéristiques du premier ordre C_1 définies par les relations (15), et un second système de caractéristiques C_2, en général du second ordre. Nous dirons pour abréger que la transformation B_1 par laquelle on passe de E_1 à E'_1 est déduite de la famille C_1 de caractéristiques. L'équation E'_1 admet de même une famille de caractéristiques du premier ordre C'_1, dont la transformation B_1 est déduite, relativement à cette équation, et une seconde famille de caractéristiques C'_2 en général du second ordre. Or les deux familles de caractéristiques C_1 et C'_1 appartiennent à deux familles distinctes d'éléments singuliers de S_6. Ces deux systèmes de caractéristiques ne peuvent donc se correspondre, et par suite *les caractéristiques* C'_1 *et* C'_2 *de* E'_1 *correspondent respectivement aux caractéristiques* C_2 *et* C_1 *de* E_1 (13).

Exemples. — 1° Une équation du second ordre $s = f(x, y, z, p, q)$ est une résolvante de première espèce E_1 pour le système S_6

$$\omega_1 = dz - p\,dx - q\,dy = 0, \quad \omega_2 = dp - u\,dx - f\,dy = 0. \tag{25}$$

En appliquant la méthode générale de recherche des éléments singuliers (n° 3), on trouve les deux familles définies par les équations suivantes :

$$dy = 0, \quad dq = f\,dx, \quad dz = p\,dx, \quad dp = u\,dx,$$

$$dx = 0, \quad dz = q\,dy, \quad dp = f\,dy, \quad du = \left[\frac{\partial f}{\partial x} + p\frac{\partial f}{\partial z} + u\frac{\partial f}{\partial p} + f\frac{\partial f}{\partial q}\right] dy,$$

dont la première donne l'équation singulière $\omega_1 = 0$, tandis que la seconde fournit la seconde équation singulière

$$\omega_3 = \omega_2 - \frac{\partial f}{\partial q}\omega_1 = dp - \frac{\partial f}{\partial q}dz - \left(u - p\frac{\partial f}{\partial p}\right)dx - \left(f - q\frac{\partial f}{\partial q}\right)dy = 0,$$

qu'il faudra ramener à une forme canonique pour en déduire la seconde résolvante de première espèce du système (25).

Si f ne contient pas q, la seconde équation singulière est $\omega_2 = 0$, et elle est de forme canonique. Le problème (B) qui conduit au système (25) rentre dans une catégorie déjà signalée.

Dans le cas de l'équation de Laplace, on a $f = -ap - bq - cz$, a, b, c étant des fonctions de x et de y, l'équation $\omega_3 = 0$ se met facilement sous une forme canonique

$$d(p + bz) - \left[z\frac{\partial b}{\partial y} + ap - cz\right]dy - \left[z\frac{\partial b}{\partial x} - bp\right]dx = 0.$$

Pour achever le calcul, il suffit d'observer que l'équation de Laplace provient du problème (B) défini par les formules

$$x' = x, \qquad y' = y \qquad z' = p + bz, \qquad q' = z\frac{\partial b}{\partial y} + ap - cz,$$

d'où l'on tire inversement, si $\frac{\partial b}{\partial y} + ab - c = k$ n'est pas nul,

$$z = \frac{q' + az'}{k}, \qquad p = z' - \frac{bq' + abz}{k}.$$

L'élimination de z conduit à une nouvelle équation linéaire de même forme, et la transformation B_1 est identique à la transformation de Laplace (**22**, **26**').

2° L'équation de Gomes Teixeira (**44**)

$$s - A(x, y, z, p)q - B(x, y, z, p, r) = 0$$

est une résolvante de première espèce pour le système

$$dz - p\,dx - q\,dy = 0, \qquad dp - u\,dx - (Aq + B)\,dy = 0,$$

r étant remplacé par u dans B. La seconde équation singulière du système est

$$dp - A\,dz - (u - Ap)dx - B\,dy = 0.$$

Pour ramener cette équation à une forme canonique, il suffit de trouver un facteur intégrant μ de l'expression de Pfaff $dp - A dz$, en y regardant x et y comme des paramètres. Le produit $\mu(dp - A dz)$ est en effet de la forme $d\varphi - \frac{\partial\varphi}{\partial x}dx - \frac{\partial\varphi}{\partial y}dy$, et l'équation précédente est alors mise sous forme canonique.

Les calculs s'achèvent aisément; en supposant B indépendant de r, on a la transformation d'Imschenetsky (37). Cet exemple a encore été généralisé par J. Clairin (13).

En partant d'une équation de Laplace, on peut en général répéter indéfiniment dans les deux sens l'application de la transformation B_1; l'opération ne se termine dans un sens que si l'on arrive à une équation de Laplace admettant une intégrale intermédiaire avec une fonction arbitraire. Il est clair que la même propriété appartient à toute équation de Monge-Ampère qui se ramène à une équation de Laplace par une transformation (T). Il serait intéressant d'examiner si ce sont les seules qui possèdent cette propriété, et plus généralement de former toutes les équations de Monge-Ampère qui donnent une autre équation de Monge-Ampère par une transformation B_1.

Ce problème a été étudié par J. Clairin (19) en supposant que la suite des transformations B_1 conserve les variables indépendantes. Avec cette condition restrictive, il a démontré que toute équation du second ordre dont on peut déduire, par une suite de transformations B_1 de cette espèce, plus de trois équations consécutives, se ramène par une transformation (T) à une équation de Laplace, ou à une de ces équations étudiées par Moutard (41) qui se ramènent elles-mêmes à une équation de Laplace.

7. **Résolvantes de seconde espèce.** — L'intégration d'un système de classe 6 peut, dans certains cas, se ramener d'une autre façon à l'intégration d'une équation du second ordre. Soit $\omega_1 = 0$ une équation non singulière de ce système; elle est forcément de classe 5. Si on l'a mise sous forme canonique $dz = p\,dx + q\,dy$, une équation du système S distincte de celle-là contient la différentielle du de la sixième variable u, sans quoi $\omega_1 = 0$ serait une équation singulière de S (n°4). Ce système se compose donc de deux équations

$$(26)\qquad \begin{cases} \omega_1 = dz - p\,dx - q\,dy = 0, \\ \omega_2 = du - X\,dx - Y\,dy - P\,dp - Q\,dq = 0, \end{cases}$$

X, Y, P, Q étant des fonctions de x, y, z, p, q, u. Tout système de classe 6 peut être ramené à la forme (26) d'une infinité de manières, et nous avons remarqué plus haut (page 15) que tout système de cette forme était de classe 6.

Soit $\mathfrak{M}_2$ une intégrale de ce système telle que x et y ne soient liés par aucune relation [1]. Si l'on prend x et y pour variables indépendantes, cette multiplicité $\mathfrak{M}_2$ est représentée par un système de quatre relations

$$(27) \qquad z=f(x, y), \qquad p=\frac{\partial f}{\partial x}, \qquad q=\frac{\partial f}{\partial y}, \qquad u=\varphi(x, y).$$

En remplaçant, dans la seconde équation (26), dp par $r\,dx+s\,dy$, dq par $s\,dx+t\,dy$, elle devient

$$(28) \qquad du=(X+Pr+Qs)dx+(Y+Ps+Qt)dy.$$

En développant la condition d'intégrabilité de cette équation, on obtient une équation linéaire en $r, s, t, rt-s^2$

$$(29) \qquad Hr+2Ks+Lt+M+N(rt-s^2)=0,$$

les coefficients H, K, L, M, N ayant les valeurs suivantes :

$$(30) \quad \left\{ \begin{array}{l} H=\dfrac{dP}{dy}-\dfrac{\partial Y}{\partial p}+Y\dfrac{\partial P}{\partial u}-P\dfrac{\partial Y}{\partial u}, \qquad L=\dfrac{\partial X}{\partial q}-\dfrac{dQ}{dx}+Q\dfrac{\partial X}{\partial u}-X\dfrac{\partial Q}{\partial u}, \\ 2K=\dfrac{\partial X}{\partial p}+P\dfrac{\partial X}{\partial u}+\dfrac{dQ}{dy}+Y\dfrac{\partial Q}{\partial u}-\dfrac{\partial Y}{\partial q}-Q\dfrac{\partial Y}{\partial u}-\dfrac{\partial P}{\partial x}-X\dfrac{\partial P}{\partial u}, \\ M=\dfrac{dX}{dy}-\dfrac{\partial Y}{\partial x}+Y\dfrac{\partial X}{\partial u}-X\dfrac{\partial Y}{\partial u}, \qquad N=\dfrac{\partial P}{\partial q}-\dfrac{\partial Q}{\partial p}+Q\dfrac{\partial P}{\partial u}-P\dfrac{\partial Q}{\partial u}. \end{array} \right.$$

En général, les rapports de ces coefficients dépendent de u, et l'équation (29) détermine u en fonction de x, y, z, p, q, r, s, t. En écrivant que la fonction ainsi obtenue est une intégrale de l'équation (28), on obtient deux équations aux dérivées partielles du troisième ordre pour déterminer la fonction $f(x, y)$. Ces équations ne sont pas quel-

---

[1] Si $\mathfrak{M}_2$ est une intégrale de S_6 sur laquelle x et y ne peuvent être prises pour variables indépendantes, l'élément (x, y, z, p, q) décrit une multiplicité M_2 ou M_1. Dans le premier cas, il suffit d'une transformation (T) pour être ramené au cas étudié dans le texte. Le second cas est à rejeter; en effet, si x, y, z, p, q sont fonctions d'une seule variable α, la seconde équation $\omega_2=0$ devient $du=F(\alpha, u)d\alpha$, et par suite u serait aussi une fonction de la seule variable α.

conques d'ailleurs, puisque nous savons *a priori* qu'elles admettent une infinité d'intégrales communes.

Il peut arriver, pour certaines fonctions X, Y, P, Q, que les rapports des coefficients (30) ne dépendent pas de u. L'équation (29) est alors une équation de Monge-Ampère qui détermine la fonction $f(x, y)$. A toute intégrale de cette équation correspondent une infinité d'intégrales $\mathfrak{M}_2$ du système S, dépendant d'une constante arbitraire, car u est déterminé par une équation aux différentielles totales complètement intégrable.

L'équation (29) est dans ce cas une *résolvante de seconde espèce* E_2 du système S, et il résulte de la forme même du système (26) que les systèmes qui admettent une résolvante de seconde espèce sont de classe 6. Un système de classe 6 peut admettre plusieurs résolvantes de seconde espèce, et il est à remarquer qu'un système S_6 peut avoir des résolvantes de seconde espèce sans avoir de résolvantes de première espèce. Par exemple le système canonique

$$dz = p\,dx + q\,dy, \qquad du = -q\,dx + p\,dy$$

admet la résolvante de seconde espèce $r + t = 0$. De même le système canonique (IV) admet la résolvante $rt - s^2 = 0$.

Lorsque l'équation (29) est une résolvante E_2 du système (26), à chaque famille d'éléments singuliers de S correspond une famille de caractéristiques de E_2. Nous pouvons supposer, pour le démontrer, que l'équation (29) contient un terme en $rt - s^2$, puisqu'il suffit d'une transformation (T) pour être ramené à ce cas. Pour que deux éléments linéaires intégraux (dx, dy, dp, dq), $(\delta x, \delta y, \delta p, \delta q)$ du système (26) soient en involution, ces éléments doivent vérifier les deux relations

$$dp\,\delta x + dq\,\delta y - dx\,\delta p - dy\,\delta q = 0,$$

$$\begin{aligned} \mathrm{L}(dx\,\delta q - dq\,\delta x) + 2\mathrm{K}(dx\,\delta p - dp\,\delta x) + \mathrm{M}(dx\,\delta y - dy\,\delta x) \\ + \mathrm{H}(dp\,\delta y - dy\,\delta p) + \mathrm{N}(dp\,\delta q - dq\,\delta p) = 0. \end{aligned}$$

Pour qu'un élément (dx, dy, dp, dq) soit un élément singulier, il faut et il suffit que les coefficients de δx, δy, δp, δq dans les deux équations précédentes soient proportionnels. En écrivant ces conditions, on trouve que dx, dy, dp, dq doivent satisfaire à l'un des systèmes de relations suivantes :

$$(31)^1 \qquad \mathrm{N}\,dp + \mathrm{L}\,dx + \lambda_1\,dy = 0, \qquad \mathrm{N}\,dq + \lambda_2\,dx + \mathrm{H}\,dy = 0,$$

$$(31)^2 \qquad \mathrm{N}\,dp + \mathrm{L}\,dx + \lambda_2\,dy = 0, \qquad \mathrm{N}\,dq + \lambda_1\,dx + \mathrm{H}\,dy = 0,$$

λ_1 et λ_2 étant les deux racines de l'équation

$$(32) \qquad \lambda^2 + 2K\lambda + HL - MN = 0.$$

On obtiendra les équations qui définissent une des familles d'éléments singuliers du système en adjoignant les équations (26) à l'un des systèmes (31). Or, en adjoignant seulement la première des équations (26) à l'un des systèmes $(31)^1$ ou $(31)^2$, on obtient les équations qui définissent une des familles de caractéristiques de E_2, ce qui démontre le théorème énoncé.

Toute caractéristique M_1 de E_2 est formée de ∞^1 éléments (x, y, z, p, q) vérifiant l'un de ces systèmes; en remplaçant x, y, z, p, q par leurs expressions au moyen d'un paramètre variable dans la dernière des équations (26), on obtient une équation différentielle du premier ordre pour déterminer u, et par conséquent toute caractéristique du premier ordre de E_2 appartient à ∞^1 caractéristiques de Monge de S (n° 3), et inversement toute caractéristique de Monge de S contient une caractéristique de E_2. Il résulte aussi de cette étude que, si les équations des caractéristiques de E_2 admettent i combinaisons intégrables $(i = 1, 2, 3)$, les équations différentielles du système correspondant d'éléments singuliers de S admettent au moins i combinaisons intégrables. Si un système S_0 a ses deux familles d'éléments singuliers confondus, toute résolvante E_2 de ce système a aussi ses deux familles de caractéristiques confondues, et réciproquement.

La condition d'intégrabilité (29) contient en général un terme en $rt - s^2$. Pour que ce terme n'existe pas, il faut que l'on ait $N = 0$, condition qui exprime que l'équation $du = P\,dp + Q\,dq$, où l'on regarde x, y, z comme des paramètres, est complètement intégrable. Soit $U(x, y, z, p, q) = \text{const.}$ une des formes sous lesquelles on peut mettre l'intégrale générale de cette équation; la fonction U vérifie les deux relations

$$\frac{\partial U}{\partial p} + P\frac{\partial U}{\partial u} = 0 \qquad \frac{\partial U}{\partial q} + Q\frac{\partial U}{\partial u} = 0,$$

et, si l'on prend $U(x, y, z, p, q, u)$ pour variable à la place de u, la seconde des équations (26) est remplacée par

$$dU = \left(\frac{\partial U}{\partial x} + \frac{\partial U}{\partial z}p\right)dx + \left(\frac{\partial U}{\partial y} + \frac{\partial U}{\partial z}q\right)dy + \frac{\partial U}{\partial u}(X\,dx + Y\,dy)$$

et le système prend la forme

$$(26)' \quad dz = p\,dx + q\,dy, \qquad du = f(x, y, z, p, q, u)dx + \varphi(x, y, z, p, q, u)dy,$$

la variable u n'étant plus la même que dans le système (26). Inversement, quelles que soient les fonctions f et φ, il est clair que la condition d'intégrabilité du système (26)′ ne renferme pas de terme en $rt - s^2$.

En particulier, lorsque l'équation (29) est indépendante de u, on peut, par une transformation (T), la ramener à ne pas renfermer $rt - s^2$. Toute résolvante de seconde espèce E_2 d'un système S_6, linéaire en r, s, t, est donc identique à la condition d'intégrabilité d'une équation de la forme (26)′, où il faut de plus que f et φ soient telles que cette condition ne dépende pas de u.

La condition (29) ne renfermera ni r ni t, si f est indépendant de q et φ indépendant de p. Le système (26) prend la forme

$$(26)'' \quad dz = p\,dx + q\,dy, \qquad du = f(x, y, z, p, u)dx + \varphi(x, y, z, q, u)dy.$$

La condition d'intégrabilité est alors

$$(33) \qquad \left(\frac{\partial f}{\partial p} - \frac{\partial \varphi}{\partial q}\right)s = \frac{d\varphi}{dx} - \frac{df}{dy} + \frac{\partial \varphi}{\partial u}f - \frac{\partial f}{\partial u}\varphi.$$

Cette condition d'intégrabilité ne contiendra aucune dérivée du second ordre, si l'on a

$$f = A(x, y, z, u) + C(x, y, z, u)p, \qquad \varphi = B(x, y, z, u) + C(x, y, z, u)q.$$

Le système (26) contient alors une équation

$$du = A\,dx + B\,dy + C\,dz,$$

qui ne renferme que x, y, z, u, et qui est par conséquent de troisième classe. Si cette condition d'intégrabilité ne renferme pas u, mais contient l'une au moins des dérivées p, q, on a une résolvante de seconde espèce et du premier ordre. On peut supposer qu'on l'a ramené à la forme $p = 0$ par une transformation (T). Les coefficients A, B, C doivent satisfaire aux deux conditions

$$\frac{\partial A}{\partial y} + \frac{\partial A}{\partial u}B = \frac{\partial B}{\partial x} + \frac{\partial B}{\partial u}A, \qquad \frac{\partial A}{\partial z} + C\frac{\partial A}{\partial u} = \frac{\partial C}{\partial x} + A\frac{\partial C}{\partial u},$$

dont la première exprime que l'équation $du = A dx + B dy$, où l'on regarde z comme un paramètre, est complètement intégrable. On voit, comme tout à l'heure, que par un changement de la variable u, le système (26) peut se ramener à la forme

$$(34) \qquad dz = p\,dx + q\,dy, \quad du = \varphi(y, z, u)\,dz,$$

qui est réductible à la forme canonique (IV), car les deux familles d'éléments singuliers sont confondues, et admettent les quatre combinaisons intégrables $dx = 0$, $dy = 0$, $dz = 0$, $du = 0$ (¹).

On voit de la même façon que si la condition (29) ne renferme aucune dérivée de z, la seconde équation peut se ramener à la forme

$$du = \varphi(x, y, u)\,dx.$$

Enfin il peut se faire que la condition d'intégrabilité (29) soit vérifiée identiquement. Il faut pour cela que les fonctions A, B, C vérifient trois conditions qui expriment que l'équation

$$du = A\,dx + B\,dy + C\,dz$$

est complètement intégrable et, dans ce cas, il suffit de remplacer u par une fonction $U(x, y, z, u)$ pour ramener le système (26) à la forme canonique

$$dz - p\,dx - q\,dy = 0, \qquad dU = 0.$$

Nous retrouvons un cas particulier qui a été examiné plus haut (p. 18).

Les problèmes relatifs aux résolvantes de seconde espèce sont en général bien plus difficiles que les problèmes analogues concernant les résolvantes de première espèce. Les principales questions qui se posent sont les deux suivantes :

1° *Étant donné un système* S_6, *trouver les résolvantes de seconde espèce de ce système, s'il en existe.*

(¹) Les intégrales qui satisfont à la relation $p = 0$ sont des intégrales *singulières* (*voir* note de la page 11), et ces intégrales ne dépendent que d'une fonction arbitraire $z = f(y)$, u étant donné par l'intégration de l'équation différentielle $du = \varphi[y, f(y), u]\,f'(y)\,dy$. L'intégrale *générale* est donnée par les formules

$$y = f(x), \qquad z = g(x), \qquad p = g'(x) - q f'(x),$$

u étant déterminé par l'équation différentielle

$$du = \varphi[f(x), g(x), u]\,g'(x)\,dx.$$

2° *Étant donnée une équation de Monge-Ampère, trouver les systèmes* S_6 *dont elle est une résolvante de seconde espèce.*

Les résultats indiqués plus haut (p. 32-33) permettent d'énoncer une condition *nécessaire* pour qu'un système S_6 admette une résultante de seconde espèce. Nous avons vu en effet que, dans ce cas, les équations différentielles qui définissent les éléments singuliers de chaque famille renferment trois équations distinctes où ne figurent que cinq variables.

Donc, *pour qu'un système* S_6 *admette une résolvante de seconde espèce, il faut que des quatre équations différentielles qui définissent les éléments singuliers de chaque famille, on puisse déduire trois équations formant un système de classe cinq.*

C'est là un cas particulier d'un problème très général relatif aux systèmes de Pfaff, qui ne paraît pas avoir été étudié jusqu'à présent. Nour verrons plus loin (n° 10) des systèmes S_6 qui admettent une infinité de résolvantes de seconde espèce.

Pour étudier le problème inverse, on peut se borner au cas d'une équation de Monge-Ampère E linéaire en r, s, t.

Pour que E soit une résolvante de seconde espèce d'un système S_6, il faut et il suffit que l'on puisse trouver deux fonctions

$$f(x, y, z, p, q, u), \qquad \varphi(x, y, z, p, q, u),$$

telles que E soit identique à la condition d'intégrabilité de l'équation $du = f dx + \varphi dy$. *Cela n'est pas toujours possible.* Par exemple, si E ne renferme que la dérivée du second ordre r, f doit être indépendant de q, et φ doit être linéaire en q, et dans ce cas *la condition d'intégrabilité est bilinéaire en* r *et* q. D'autre part, une équation de Monge-Ampère peut être une résolvante de seconde espèce pour des systèmes S_6 distincts.

Ainsi le système canonique (IV) admet une résolvante que l'on peut ramener à la forme $s = 0$ (p. 32); cette équation est aussi une résolvante de seconde espèce pour le système $dz = p\,dx + q\,dy$, $dz' = z\,dx + xq\,dy$, qui est distinct du premier, puisqu'il admet la résolvante de première espèce $xs' - q' = 0$.

On a surtout étudié les systèmes S_6 qui admettent une résolvante E_2 ne renfermant que la dérivée du second ordre s. J. Clairin (**14**, **17**, **18**, **20'**) a déterminé les systèmes admettant une résolvante de première espèce et une résolvante de seconde espèce de cette forme, avec les mêmes variables x et y, lorsqu'une de ces résolvantes est une équation de Laplace.

On a déterminé aussi (31, 33) les systèmes S_6 qui admettent une résolvante de seconde espèce $s = \rho pq + ap + bq + c$, où a, b, c, ρ sont fonctions de x, y, z.

Si un système S_6 admet une résolvante E_2 réductible à la forme $r = 0$ par une transformation T, ce système peut être ramené à la forme canonique (IV). En effet, les deux familles d'éléments singuliers doivent être confondues, et leurs équations différentielles admettent au moins (p. 33) *trois* combinaisons intégrables. Or nous avons vu (n° 4) que si un système S_6 admet une résolvante E_1, les équations différentielles des éléments singuliers ne peuvent admettre plus de deux combinaisons intégrables. Le système

$$dz = p\,dx + q\,dy, \qquad dz' - \lambda\,dz = (p - \lambda q)^k (\lambda\,dx + dy),$$

où λ et k sont des constantes, qui a été rencontré par M. E. Picard (42, 43) dans une question sur les équations aux dérivées partielles, rentre dans cette catégorie.

8. Les transformations B_2 et B_3. — Soient E_1 et E_2 deux résolvantes d'un système S_6, l'une de première, l'autre de seconde espèce. A une intégrale I_1 de E_1 correspond une intégrale et une seule $\mathfrak{M}_2$ de S_6 (n° 5) et par suite une intégrale et une seule I_2 de E_2; inversement une intégrale I_2 de E_2 appartient à ∞^1 intégrales $\mathfrak{M}_2$ de S_6, et par suite on peut en déduire ∞^1 intégrales de E_1. La transformation par laquelle on passe de E_1 à E_2 ou inversement est *une transformation* B_2 (J. Clairin, 13). On voit que les deux équations E_1, E_2 ne jouent pas le même rôle dans cette transformation. Si l'on peut passer d'une équation E_1 à une équation E_2 par une transformation B_2, il est clair qu'il en est de même des équations qu'on peut en déduire par deux transformations (T) quelconques.

Soient de même E_2, E'_2 deux résolvantes de seconde espèce d'un système S_6. A chaque intégrale de l'une des équations correspondent ∞^1 intégrales $\mathfrak{M}_2$ de S_6 et par suite ∞^1 intégrales de la seconde équation, et réciproquement. La transformation par laquelle on passe de E_2 à E'_2, ou inversement, est *une transformation* B_3 (13);

les deux équations jouent un rôle symétrique dans cette transformation. On démontre comme au n° 6 que, si deux équations du second ordre se déduisent l'une de l'autre par une transformation B_2 ou B_3, les caractéristiques se correspondent sur les intégrales correspondantes des deux équations. Si l'une d'elles est intégrable par la méthode de Darboux, il en est de même de la seconde (13, 22).

Soit E_1 une résolvante de première espèce du système S_6 dont E_2, E'_2 sont deux résolvantes de seconde espèce. La transformation B_3 par laquelle on passe de E_2 à E'_2 peut évidemment se remplacer par la suite des deux transformations B_2, B'_2 par lesquelles on passe de E_2 à E_1, puis de E_1 à E'_2. Comme S_6 admet en général deux résolvantes de première espèce, on voit que *toute transformation* B_3 *peut, en général, se décomposer de deux façons différentes, en une suite de deux transformations* B_2. Le raisonnement montre en même temps quels sont les cas exceptionnels.

Deux transformations B_2 appliquées à une équation qui n'admet qu'un système de caractéristiques du premier ordre conduisent à deux résolvantes de seconde espèce d'un même système S_6 et par conséquent peuvent être remplacées par une transformation unique B_3.

Lorsque les deux transformations B_2 sont appliquées à une équation de Monge-Ampère, elles peuvent conduire à deux équations E_2, E'_2 qui sont des résolvantes de seconde espèce de deux systèmes distincts S_6, S'_6. Il peut se faire que l'on ne puisse passer de E_2 à E'_2 par une transformation B_3; nous verrons plus loin (n° 9) un cas où l'on passe de E_2 à E'_2 par une transformation B_1.

Une suite de deux transformations B_3 peut aussi quelquefois être remplacée par une transformation unique de même espèce. Soient E_2, E'_2, E''_2 trois résolvantes de seconde espèce de S_6; la transformation B''_3 par laquelle on passe de E_2 à E''_2 peut évidemment s'obtenir par la succession des transformations B_3 et B'_3 par lesquelles on passe de E_2 à E'_2, puis de E'_2 à E''_2. Il n'en est plus de même si E_2 et E'_2 sont des résolvantes de S_6, E'_2 et E''_2 des résolvantes d'un système S'_6 différent. Les deux équations E_2 et E''_2 ne seront pas nécessairement résolvantes d'un même système.

L'importance des résolvantes de seconde espèce pour la recherche des intégrales $\mathfrak{M}_2$ d'un système S_6 tient à la propriété suivante dont la démonstration est immédiate : *Si l'on connaît une résolvante de seconde espèce* E_2 *d'un système* S_6, *de toute intégrale* $\mathfrak{M}_2$ *de ce* *système on peut déduire, par l'intégration d'une équation différentielle du premier ordre, ∞^1 intégrales $\mathfrak{M}_2$ du même système.*

Soit en effet $\mathfrak{M}_2$ une intégrale représentée par les équations

$$z = f(x, y), \qquad p = \frac{\partial f}{\partial x}, \qquad q = \frac{\partial f}{\partial y}, \qquad u = \varphi(x, y)$$

d'un système S_6 mis sous la forme (26), où la condition d'intégrabilité de la seconde équation ne dépend pas de u. Cette condition d'intégrabilité est une résolvante de seconde espèce E_2 de S_6, dont $f(x, y)$ est une intégrale particulière. A cette intégrale $f(x, y)$ de E_2 correspondent une infinité de fonctions $\varphi(x, y)$ que l'on obtiendra par l'intégration d'une équation aux différentielles totales complètement intégrable, dont on connaît déjà une intégrale particulière. Si l'on connaît seulement une intégrale de E_2, cette intégrale appartient à ∞^1 intégrales $\mathfrak{M}_2$ de S_6 que l'on déterminera par l'intégration de la même équation aux différentielles totales, dont aucune intégrale n'est supposée connue.

Supposons maintenant que l'on connaisse deux résolvantes de seconde espèce E_2, E'_2 de S_6. D'une intégrale I_2 de E_2 on peut déduire, par l'intégration d'une équation différentielle, ∞^1 intégrales de S_6 et par suite ∞^1 intégrales de E'_2. De chacune de ces nouvelles intégrales I'_2 on peut ensuite déduire, par le même procédé, ∞^1 intégrales de S_6 et de E_2, et comme ces intégrales I'_1 dépendent elles-mêmes d'une constante arbitraire, on aura ainsi ∞^2 intégrales de S_6 et par suite ∞^2 intégrales de E_2. Ce procédé alterné peut évidemment être continué indéfiniment, et l'on conçoit que son application puisse conduire, en partant d'une seule intégrale de S_6, à une infinité d'intégrales du même système, dépendant d'autant de constantes arbitraires qu'on le voudra (*voir* n° 10). Mais il peut arriver aussi que l'application de cette méthode ne permette d'obtenir que des intégrales dépendant d'un nombre déterminé de constantes arbitraires, aussi loin qu'on la prolonge (n° 9).

Toutes ces remarques s'étendent naturellement au cas où l'on connaîtrait plus de deux résolvantes de seconde espèce.

Remarque. — Étant donné un système de quatre équations $F_i = 0$, pouvant être résolues par rapport à x', y', p', q', on a vu plus haut que l'élimination des variables accentuées conduit à une résolvante de seconde espèce E_2 si la condition d'intégrabilité de l'équation $dz' = p' dx' + q' dy'$ est indépendante de z'. Cette condition d'intégrabilité s'exprime au moyen des dérivées partielles de x', y', p', q' par rapport à x, y, z, p, q, z', dérivées que l'on peut toujours calculer au moyen des règles classiques qui donnent les dérivées des fonctions implicites. On peut arriver à cette condition d'intégrabilité par un procédé plus élégant (**22**, Chap. XII). Des équations (1) on tire les relations

$$\left(\frac{dF_i}{dx}\right) dx + \left(\frac{dF_i}{dy}\right) dy + \frac{dF_i}{dx'} dx' + \frac{dF_i}{dy'} dy' + \frac{\partial F_i}{\partial p'} dp' + \frac{\partial F_i}{\partial q'} dq' = 0$$
$$(i = 1, 2, 3, 4),$$

où l'on a posé

$$\left(\frac{dF_i}{dx}\right) = \frac{\partial F_i}{\partial x} + \frac{\partial F_i}{\partial z} p + \frac{\partial F_i}{\partial p} r + \frac{\partial F_i}{\partial q} s, \qquad \left(\frac{dF_i}{dy}\right) = \frac{\partial F_i}{\partial y} + \ldots + \frac{\partial F_i}{\partial q} t.$$

Ces quatre équations, résolues par rapport à dx, dy, dp', dq', nous donnent des expressions de la forme suivante :

$$N\, dp' = H\, dx' + K\, dy', \qquad N\, dq' = L\, dx' + M\, dy',$$

où H, K, L, M, N sont des fonctions linéaires de r, s, t, $rt - s^2$. Pour que p' et q' soient les dérivées partielles d'une même fonction par rapport à x' et à y', on doit avoir $K = L$.

En développant les calculs, on aboutit à la condition suivante, donnée par M. Bäcklund (**2**) :

$$(35) \qquad \begin{aligned}(12)[F_3F_4] + (13)[F_4F_2] + (14)[F_2F_3] \\ + (34)[F_1F_2] + (42)[F_1F_3] + (23)[F_1F_4] = 0,\end{aligned}$$

où l'on a posé

$$(ik) = \left(\frac{dF_i}{dx}\right)\left(\frac{dF_k}{dy}\right) - \left(\frac{dF_k}{dx}\right)\left(\frac{dF_i}{dy}\right)$$

et où le crochet [ ] a le sens habituel.

Si les cinq équations (1) et (35) peuvent être résolues par rapport à x', y', z', p', q', en écrivant que les expressions obtenues satisfont à la relation $dz' = p' dx' + q' dy'$, on est conduit à deux équations du troisième ordre en z. Si l'élimination de x', y', z', p', q' entre ces cinq équations est possible, z est déterminée par une équation de Monge-Ampère, qui est une résolvante de seconde espèce.

9. **Systèmes S_6 qui admettent un groupe continu.** — Soit S_6 un système admettant un groupe continu de transformations g à un paramètre, déduit d'une transformation infinitésimale ε. Choisissons les variables x_i de façon que le symbole de cette transformation infinitésimale soit $\frac{\partial f}{\partial x_6}$. Avec ce choix de variables, le système S_6 s'écrira

$$(36) \qquad \omega_1 = dx_6 + \Omega_1 = 0, \qquad \omega_2 = \Omega_2 = 0,$$

Ω_1 et Ω_2 étant deux formes de Pfaff où ne figurent que les cinq variables $x_i\,(i < 6)$ et leurs différentielles. Pour déterminer les éléments singuliers, on doit écrire que, pour certaines valeurs des dx_i, les deux équations $\omega'_1 = \Omega'_1 = 0$, $\omega'_2 = \Omega'_2 = 0$ se réduisent à une seule. Les coefficients A_{ik} des équations (8) et (9) ne dépendent pas de x_6, et par suite les deux racines de l'équation en $\frac{\lambda}{\mu}$ sont aussi indépendantes de x_6. On peut laisser de côté le cas d'une racine double $\lambda = 0$, car la seule équation singulière du système serait $\Omega_2 = 0$, et ne pourrait être de classe cinq. Le système serait donc réductible à la forme canonique (IV). Si l'on écarte ce cas très particulier, on voit que le système S_6 admet au moins une équation singulière de la forme $dx_6 + \Omega_3 = 0$, Ω_3 ne dépendant pas de x_6. Il y a au moins une de ces équations singulières pour laquelle Ω_3 est de classe cinq ou quatre; autrement, le système S_6 serait réductible à l'une des formes canoniques (III) ou (IV). Si l'on ramène Ω_3 à une forme canonique, le système S_6 s'écrira

$$dx_6 + dy_5 - y_2\,dy_1 - y_4\,dy_3 = 0, \qquad \Omega_2 = 0,$$

Ω_2 ne contenant pas x_6. Pour que la première équation soit une équation singulière, on voit comme au n° 4 que Ω_2 ne doit pas renfermer dy_5. Il suffira donc d'un simple changement de notations pour pouvoir écrire le système S_6 sous la forme

$$(37) \qquad dz - p\,dx - q\,dy = 0, \qquad X\,dx + Y\,dy + P\,dp + Q\,dq = 0,$$

X, Y, P, Q *ne dépendant pas de* z. La résolvante de première espèce correspondante ne dépendra pas non plus de z; elle admet donc la transformation infinitésimale $\frac{\partial f}{\partial z}$.

Réciproquement, toute équation ayant un système de caractéristiques du premier ordre et admettant une transformation infinitésimale (T) est une résolvante de première espèce pour un système S admettant une transformation infinitésimale. Si l'on suppose en effet que E_1 ne contient pas z, les équations des génératrices de la surface en r, s, t (n° 5).

$$X + Pr + Qs = 0, \qquad Y + Ps + Qt = 0$$

ne dépendent pas non plus de z, et le système de Pfaff qui admet E_1 pour résolvante de première espèce ne change pas quand on change z en $z + C$. Ainsi, *lorsqu'un système* S_6 *admet une transformation infinitésimale, une résolvante de première espèce de ce système admet une transformation de contact infinitésimale* (T) *et réciproquement.*

De toute transformation infinitésimale de S_6 on peut de même déduire une résolvante de seconde espèce de ce système. Supposons la seconde des équations (37) mise sous forme canonique $dz' = p'dx' + q'dy'$, où x', y', z', p', q' sont des fonctions de x, y, p, q, u, la première équation prend la forme

$$dz = X'dx' + Y'dy' + P'dp' + Q'dq',$$

X', Y', P', Q' ne dépendant pas de z, et la condition d'intégrabilité de cette dernière équation est une résolvante de seconde espèce E'_2 en z' du système. La conclusion n'est en défaut que si la seconde des équations (37) est de classe trois ou un. Dans le dernier cas, le système est de la forme (V) et admet un groupe *infini* de transformations. Dans l'autre cas, la résolvante de première espèce admettrait une intégrale intermédiaire dépendant d'une fonction arbitraire. En écartant ces cas exceptionnels, on peut donc dire qu'*à toute transformation infinitésimale* (ε) *d'un système* S_6 *correspond une résolvante de seconde espèce* E_2 *de ce système.*

Nous dirons pour abréger que E_2 est déduite de la transformation infinitésimale ε. On n'obtient pas ainsi toutes les résolvantes de seconde espèce; nous étudierons en effet (n° 10) des systèmes S_6 qui ont des résolvantes de seconde espèce sans admettre de groupe continu. Les résolvantes E_2 déduites d'une transformation ε peuvent être caractérisées par la propriété suivante : *les intégrales* $\mathfrak{M}_2$ *qui correspondent à une intégrale particulière de* E_2 *se déduisent de l'une d'elles par les transformations d'un groupe* g *à un paramètre.*

Une équation de Monge-Ampère E_1 admettant une transformation ε est une résolvante de première espèce pour deux systèmes S_6 qui admettent respectivement deux résolvantes de seconde espèce E_2, E_2' déduites de la transformation ε. Les intégrales de ces deux équations se correspondent une à une d'une façon univoque, puisque chacune d'elles correspond à ∞^1 intégrales de S_6 qui se déduisent de l'une d'elles par les transformations du groupe g déduit de ε. *On passe de* E_2 *à* E_2' *par une transformation* B_1. Supposons en effet que E_1 ne renferme pas z; les formules de la transformation B_2 entre E_1 et E_2 ne renferment que $x, y, p, q, x', y', z', p', q'$, et de même les formules de la transformation B_2' entre E_1 et E_2' ne renferment que x, y p, q, x'', y'', z'', p'', q''. L'élimination de x, y, p, q conduira donc à quatre relations entre les coordonnées des deux éléments $(x', y', \ldots, q')$, $(x'', y'', \ldots, q'')$. Par exemple l'équation $s = 2\lambda(x, y)\sqrt{pq}$ est une résolvante de première espèce pour chacun des systèmes

$$dz = p\,dx + q\,dy, \qquad dp = u\,dx + 2\lambda\sqrt{pq}\,dy,$$
$$dz = p\,dx + q\,dy, \qquad dq = 2\lambda\sqrt{pq}\,dx + u\,dy,$$

dont chacun admet une résolvante de seconde espèce déduite de la transformation infinitésimale $\frac{\partial f}{\partial z}$. Ces deux résolvantes s'obtiennent en prenant pour inconnues $\sqrt{p}$ ou $\sqrt{q}$, et sont deux équations de Laplace qui se déduisent l'une de l'autre par une transformation de Laplace (27, 28).

Si le système S_6 admet un groupe continu G_n à n paramètres, toute résolvante de première espèce E_1 admet aussi un groupe continu G_n' à n paramètres, et inversement. A chaque transformation infinitésimale de G_n correspond une résolvante de seconde espèce, et S_6 admet une infinité de résolvantes E_2, qui peuvent d'ailleurs n'être pas toutes différentes. Soit $\mathfrak{M}_2$ une intégrale de S_6; la connaissance du groupe G_n permet de déduire de cette intégrale une infinité d'autres intégrales dépendant de m constantes arbitraires $(m \leqq n)$, dont nous désignerons l'ensemble par $\mathcal{E}_G$. Soient ε et ε' deux transformations infinitésimales de G_n, donnant naissance à deux groupes à un paramètre g, g'; nous désignerons de même par $\mathcal{E}_g$, $\mathcal{E}_g'$ les deux ensembles d'intégrales déduites de $\mathfrak{M}_2$ au moyen des transformations de g et de g' respectivement. Si l'ensemble $\mathcal{E}_G$ dépend de m paramètres, il se compose de ∞^{m-1} ensembles $\mathcal{E}_g$, et de ∞^{m-1} ensembles $\mathcal{E}_g'$. Cela posé, soient E_2, E_2' les résolvantes de seconde espèce provenant des transformations ε, ε'. D'une intégrale I_2 de E_2 on peut déduire, par l'intégration d'une équation différentielle, un ensemble $\mathcal{E}_g$ d'intégrales de S_6, qui appartient lui-même à un ensemble $\mathcal{E}_G$ de ∞^m intégrales de S_6. A chaque intégrale de $\mathcal{E}_g$ correspond une intégrale I'_2 de la seconde résolvante E'_2, dont on peut encore déduire, par l'intégration d'une équation différentielle, un nouvel ensemble $\mathcal{E}'_g$ d'intégrales de S_6. Mais tous ces ensembles $\mathcal{E}'_g$ ayant une intégrale $\mathfrak{M}_2$ commune avec $\mathcal{E}_G$, font partie de $\mathcal{E}_G$. Il en est évidemment de même des intégrales de S_6 et de E_2 que l'on pourrait obtenir en poursuivant l'application du même procédé. Par conséquent, si deux résolvantes de seconde espèce E_2, E'_2 proviennent de deux transformations infinitésimales d'un groupe G de S_6, l'application répétée de la transformation B_2 entre ces deux équations, en partant d'une intégrale de l'une d'elles, ne pourra fournir d'autres intégrales de ces deux équations que celles que l'on peut déduire de la connaissance du groupe G, qui dépendent de $m-1$ constantes arbitraires. Ce résultat s'explique *a priori*, puisque les résolvantes E_2, E'_2 se déduisent elles-mêmes du groupe G.

Exemples. — 1° Une équation de Laplace $s = ap + bq + cz$ est une résolvante de première espèce pour un système S_6 (n° 6), qui admet la transformation $z\frac{\partial f}{\partial z} + p\frac{\partial f}{\partial p} + q\frac{\partial f}{\partial q}$. La résolvante de seconde espèce E_2 provenant de cette transformation s'obtient en posant $z = e^Z$, et prenant ensuite $\frac{\partial Z}{\partial x}$ pour inconnue, ce qui conduit à une transformation connue de Moutard (41). De même, si z_1 est une intégrale particulière de l'équation de Laplace, cette équation ne change pas quand on change z en $z + az_1$; la résolvante E_2 de S_6 déduite de ce groupe à un paramètre s'obtient en prenant pour inconnue $\frac{\partial}{\partial x}\left(\frac{z}{z_1}\right)$, et la transformation B_2 est identique à la transformation de Lucien Lévy (38).

2° Un système S_6 de la forme $dz + \Omega_1 = 0$, $dz' + \Omega_2 = 0$, où Ω_1 et Ω_2 sont deux formes de Pfaff à quatre variables x_1, x_2, x_3, x_4, admet deux transformations infinitésimales permutables dont chacune conduit à une résolvante de seconde espèce. Les intégrales de E'_2 qui correspondent à une intégrale de E_2 s'obtiennent en ajoutant à l'une d'elles une constante arbitraire, et inversement. Le groupe G est à deux paramètres, et les intégrales de E_2 et de E'_2 se correspondent par ensembles dépendant d'un paramètre. Si, en particulier, le système S_0 est de la forme (7)

$$dz = p\,dx + q\,dy, \qquad dz' = f(p, q)dx + \varphi(p, q)dy,$$

la résolvante E_2 est de la forme $Hr + 2Ks + Lt = 0$, H, K, L ne dépendant que de p, q, et peut se ramener à une équation de Laplace.

10. **Exemples.** — C'est à l'occasion des recherches de M. Bianchi (7) sur les surfaces à courbure constante négative que M. A.-V. Bäcklund a été conduit à poser le problème général étudié ici. M. Bianchi avait démontré que de toute surface Σ à courbure constante négative $-\frac{1}{a^2}$ on pouvait déduire une infinité d'autres surfaces Σ' jouissant de la même propriété. Les points M et M' de Σ et d'une transformée Σ' se correspondent de façon à satisfaire aux conditions suivantes : la distance MM' est constante et égale à a, les plans tangents en M et en M' contiennent la droite MM' et sont orthogonaux. Il est clair que ces conditions se traduisent par *quatre* relations entre les coordonnées d'un élément (x, y, z, p, q) de Σ et les coordonnées de l'élément correspondant (x', y', z', p', q') de Σ'. En remplaçant la condition d'orthogonalité pour les plans tangents par la condition de faire un angle constant, M. Bäcklund a été conduit à un problème plus général qui donne un nouveau mode de transformation des surfaces à courbure totale constante.

G. Darboux a généralisé encore le problème en remplaçant les conditions de Bäcklund par les suivantes : le système composé des deux points M, M', et des plans tangents aux surfaces Σ, Σ' aux points M et M' respectivement est de forme invariable. Abstraction faite des surfaces parallèles, on trouve encore que les surfaces Σ, Σ' doivent être parallèles à des surfaces minima ou à des surfaces à courbure totale constante. Enfin J. Clairin (13) a étendu ce résultat à l'espace non euclidien.

L'étude des transformations de Bianchi et de Bäcklund conduit à un système de deux équations simultanées de forme très simple, et qui possède des propriétés remarquables. La recherche des surfaces à courbure totale -1 dépend (22) de l'intégration de l'équation aux dérivées partielles du second ordre

$$\frac{\partial^2 \theta}{\partial x \partial y} = \sin\theta \cos\theta. \tag{38}$$

On voit immédiatement que, si $\theta = f(x, y)$ est une intégrale particulière, $\theta = f\left(mx, \frac{y}{m}\right)$ est aussi une intégrale, quelle que soit la constante m; c'est la transformation de Lie. L'étude de la transformation de Bianchi conduit à l'étude du système

$$(39)\qquad \begin{cases} \frac{\partial\theta}{\partial x} + \frac{\partial\varphi}{\partial x} = \sin(\theta - \varphi), \\ \frac{\partial\theta}{\partial y} - \frac{\partial\varphi}{\partial y} = \sin(\theta + \varphi), \end{cases}$$

qui forme, avec les relations $x' = x$, $y' = y$, un système de Bäcklund. L'élimination de φ entre les deux équations (39) conduit à l'équation (38) et, par raison de symétrie, l'élimination de θ conduit de même à l'équation

$$(40)\qquad \frac{\partial^2\varphi}{\partial x \partial y} = \sin\varphi \cos\varphi;$$

les deux équations (38) et (40) sont deux résolvantes de seconde espèce du système (39). La connaissance d'une intégrale particulière $\theta(x, y)$ de la résolvante (38) permet d'obtenir une infinité d'intégrales de l'équation (40) dépendant d'une constante arbitraire par l'intégration du système complètement intégrable (39) qui se ramène à une équation de Riccati. En opérant de même sur l'intégrale ainsi obtenue $\varphi(x, y, C)$ de (40), on peut en déduire de nouvelles intégrales dépendant d'une autre constante arbitraire, et ainsi de suite. Pour l'étude de cette suite d'opérations, et des intégrations qu'elle exige, je renverrai le lecteur au Chapitre XIII des *Leçons sur la théorie générale des surfaces* de G. Darboux (tome **3**, livre VII).

La transformation de Bäcklund conduit au système plus général

$$(41)\qquad \begin{cases} \frac{\partial\theta}{\partial x} + \frac{\partial\varphi}{\partial x} = m\sin(\theta - \varphi), \\ \frac{\partial\theta}{\partial y} - \frac{\partial\varphi}{\partial y} = \frac{1}{m}\sin(\theta + \varphi), \end{cases}$$

où m est une constante quelconque. L'élimination de φ conduit encore à l'équation (38) et celle de θ à l'équation (40), de sorte que ces deux équations sont encore deux résolvantes de seconde espèce pour le système plus général (41). Mais ce système peut lui-même se ramener à la forme simple (39) en prenant deux nouvelles variables $x' = mx$, $y' = \frac{1}{m}y$, de sorte que la transformation de Bäcklund pour les surfaces à courbure constante est une combinaison des deux transformations de Lie et de Bianchi.

Soit $\theta(x, y)$ une intégrale particulière de la résolvante (38), et soit $\varphi = \varphi_1(x, y, m, C)$ l'intégrale générale du système (41), qui dépend du paramètre m et de la constante d'intégration C. Si l'on remplace φ par φ_1 et m par une nouvelle constante m_1, le système

$$(42)\quad \left\{ \begin{aligned} \frac{\partial\theta}{\partial x} + \frac{\partial\varphi_1}{\partial x} &= m_1 \sin(\theta - \varphi_1), \\ \frac{\partial\theta}{\partial y} - \frac{\partial\varphi_1}{\partial y} &= \frac{1}{m_1}\sin(\theta + \varphi_1) \end{aligned} \right.$$

est encore complètement intégrable, et il résulte d'un beau théorème de M. Bianchi sur la *permutabilité* (9) que ce système s'intégrera par des opérations algébriques et des différentiations si l'on a obtenu l'intégrale générale du premier système, quel que soit m. On pourra donc dans ce cas déduire de l'intégrale $\theta(x, y)$ de (38) une infinité d'autres intégrales, dépendant d'autant de constantes arbitraires qu'on le voudra, sans aucune intégration nouvelle.

Un important théorème de M. Weingarten (21) sur la déformation des surfaces peut aussi se rattacher à un problème de Bäcklund. Soit S une surface admettant l'élément linéaire

$$(43)\qquad ds^2 = du^2 + 2\,dv\,d\psi,$$

où $\psi(u, v)$ est une fonction donnée de u, v; les coordonnées rectangulaires d'un point m de cette surface sont des fonctions des variables u, v, qui vérifient les équations classiques

$$(44)\qquad \mathrm{S}\left(\frac{\partial x}{\partial u}\right)^2 = 1, \qquad \mathrm{S}\frac{\partial x}{\partial u}\frac{\partial x}{\partial v} = \frac{\partial\psi}{\partial u}, \qquad \mathrm{S}\left(\frac{\partial x}{\partial v}\right)^2 = 2\frac{\partial\psi}{\partial v}.$$

Au point m de S faisons correspondre le point M de coordonnées

$$(45)\qquad \mathrm{X} = \frac{\partial y}{\partial v}, \qquad \mathrm{Y} = \frac{\partial y}{\partial v}, \qquad \mathrm{Z} = \frac{\partial z}{\partial v},$$

et l'on déduit aisément des relations (44) que l'on a aussi

$$(46)\qquad \frac{\partial x}{\partial u}d\mathrm{X} + \frac{\partial y}{\partial u}d\mathrm{Y} + \frac{\partial z}{\partial u}d\mathrm{Z} = 0.$$

Lorsque le point m décrit une surface S admettant l'élément linéaire (43), le point M décrit une surface Σ dont la normale a pour cosinus directeurs $\frac{\partial x}{\partial u}, \frac{\partial y}{\partial u}, \frac{\partial z}{\partial u}$. Soient P, Q les coefficients angulaires du plan tangent à cette surface ; on a

$$\frac{P}{\frac{\partial x}{\partial u}} = \frac{Q}{\frac{\partial y}{\partial u}} = \frac{-1}{\frac{\partial z}{\partial u}} \tag{47}$$

et des combinaisons faciles montrent que la valeur commune des rapports est égale à

$$\frac{PX + QY - Z}{\frac{\partial \psi}{\partial u}} = \sqrt{1 + P^2 + Q^2}.$$

On a donc entre X, Y, Z, P, Q, u, v, $\frac{\partial z}{\partial u}$, $\frac{\partial z}{\partial v}$ les quatre relations suivantes :

$$\left\{ \begin{array}{ll} Z = \frac{\partial z}{\partial v}, & X^2 + Y^2 + Z^2 = 2\frac{\partial \psi}{\partial v}, \\ \frac{\partial z}{\partial u} = \frac{-1}{\sqrt{1 + P^2 + Q^2}}, & \frac{\partial \psi}{\partial u} = \frac{PX + QY - Z}{\sqrt{1 + P^2 + Q^2}}. \end{array} \right. \tag{48}$$

C'est un système de Bäcklund où z ne figure pas ; le système de Pfaff admet donc une transformation infinitésimale, à laquelle correspond une résolvante de seconde espèce (n° 9). Pour l'obtenir, il suffit de tirer des formules précédentes u, v $\frac{\partial z}{\partial u}$, $\frac{\partial z}{\partial v}$ au moyen de X, Y, Z, P, Q et d'écrire la condition d'intégrabilité de l'équation

$$dz = \frac{\partial z}{\partial u} du + \frac{\partial z}{\partial v} dv.$$

L'équation de Monge-Ampère à laquelle on est conduit est précisément l'équation du second ordre à laquelle Weingarten ramène la détermination des surfaces admettant l'élément linéaire (43).

Le système (48) admet une autre transformation infinitésimale. Si l'on pose en effet $X = \rho \cos\omega$, $Y = \rho \sin\omega$, ces équations deviennent

$$Z = \frac{\partial z}{\partial v}, \qquad \rho^2 + Z^2 = 2\frac{\partial \psi}{\partial v};$$

$$\left(\frac{\partial z}{\partial u}\right)^2 \left\{ 1 + \left(\frac{\partial Z}{\partial \rho}\right)^2 + \frac{1}{\rho^2}\left(\frac{\partial Z}{\partial \omega}\right)^2 \right\} = 1,$$

$$\frac{\partial \psi}{\partial u} \sqrt{1 + \left(\frac{\partial Z}{\partial \rho}\right)^2 + \frac{1}{\rho^2}\left(\frac{\partial Z}{\partial \omega}\right)^2} = \rho \frac{\partial Z}{\partial \rho} - Z$$

et ne renferment pas ω. La résolvante de seconde espèce correspondante est identique à l'équation classique à laquelle satisfait z considérée comme fonction des deux paramètres u, v.

La recherche des surfaces applicables sur une surface du second degré tangente au cercle de l'infini se ramène ainsi à la détermination des surfaces à courbure constante (23).

11. Généralisations diverses. — L'énoncé du problème de Bäcklund peut être généralisé de bien des façons. On peut en effet augmenter soit les dimensions ou l'ordre des éléments de contact des deux multiplicités que l'on fait correspondre élément par élément, soit le nombre des relations entre ces deux éléments. M. Cerf (12) a étudié en détail le cas où l'on établit *quatre* relations entre deux éléments d'ordre quelconque de deux multiplicités à deux dimensions, et montré que, certaines conditions étant remplies, la résolution de ce nouveau problème se ramène à l'intégration d'une seule équation aux dérivées partielles. M. Bäcklund lui-même a étudié les correspondances entre deux multiplicités d'éléments du premier ordre dans des espaces à plus de trois dimensions, le nombre des relations étant augmenté (6). Quelle que soit la façon dont on généralise le problème, on est toujours ramené à la recherche des multiplicités intégrales à un nombre connu de dimensions d'un système de Pfaff. Il résulte des recherches précédentes que l'intégration d'un tel système se ramène dans certains cas, et de plusieurs façons, à l'intégration d'une seule équation aux dérivées partielles, mais on est encore bien loin d'une solution générale du problème.

J'indiquerai seulement les diverses circonstances que l'on peut prévoir, dans un cas particulièrement simple (35). L'intégration de l'équation du second ordre

$$r = f(x, y, z, p, q, s, t) \tag{49}$$

peut être remplacée par un problème un peu plus général, la recherche des intégrales à deux dimensions du système S_3 de trois équations de Pfaff à sept variables x, y, z, p, q, s, t,

$$dz = p\,dx + q\,dy, \qquad dp = f\,dx + s\,dy, \qquad dq = s\,dx + t\,dy, \tag{50}$$

qui n'est pas d'ailleurs le plus général de cette espèce. L'équation (49) est évidemment une résolvante de ce système, mais il peut en admettre d'autres. C'est ce qui arrivera en particulier si l'on peut trouver deux équations de S_3 formant un système S_2 de classe 6. Les diverses résolvantes de S_2 seront aussi des résolvantes de S_3. Il en est ainsi en particulier si l'équation (49) ne renferme pas z. Les deux dernières équations (50) forment alors un système à six variables x, y, p, q, s, t. Comme toute équation du second ordre qui admet une transformation de contact infinitésimale peut être ramenée à une équation qui ne renferme pas z, on en conclut que l'intégration d'une équation du second ordre qui admet une transformation de contact infinitésimale peut être ramenée à l'intégration d'une équation du second ordre qui possède un système au moins de caractéristiques du premier ordre (**11**, **35**).

Le système S_3 peut admettre des résolvantes d'une autre espèce. Soient X, Y, Z, P, Q, U, V un nouveau système de variables telles que les équations de S_3 soient, avec ces variables,

$$(51)\qquad \left\{ \begin{aligned} dZ &= P\,dX + Q\,dX, \\ dU &= A\,dX + B\,dY + C\,dP + E\,dQ, \\ dV &= A_1 dX + B_1 dY + C_1 dP + E_1 dQ, \end{aligned} \right.$$

A, B, C, E, A_1, B_1, C_1, E_1 étant fonctions des nouvelles variables. Si l'on prend X et Y pour variables indépendantes, et si l'on suppose Z remplacée par une fonction F (X, Y), P et Q par les dérivées partielles de F, les conditions d'intégrabilité des deux dernières équations fournissent deux équations linéaires en R, S, T, $RT - S^2$. Il résulte des propriétés spéciales du système (50) que ces deux conditions doivent se réduire à une seule, qui contient en général U et V. Si elle ne contient ni U, ni V, elle forme une résolvante du système telle qu'à toute intégrale de cette équation correspondent ∞^2 intégrales de S_3.

Le système (50) peut être *prolongé* en introduisant les dérivées de z jusqu'à un ordre quelconque, et les propriétés du système (50) peuvent aussi être étendues à ces nouveaux systèmes. A ces considérations se rattachent des résultats généraux dus à Clairin (**14**, **17**) sur les équations du second ordre qui admettent un groupe de transformations, et d'autres transformations signalées par M. Gau (**25**).

INDEX BIBLIOGRAPHIQUE.

BÄCKLUND (A.-V.). — 1. Om Ytor med konstant negativ krökning (*Lund Universitëts Arsskrift*, t. 19, 1883).

— 2. Zur Theorie der partiellen Differentialgleichungen erster ordnung (*Mathematische Annalen*, t. 17, 1880, p. 285).

— 3. Zur Theorie der Flächentransformationen (*Ibid.*, t. 19, 1882, p. 387).

— 4. Ueber eine Transformation von Luigi Bianchi (*Annali di Matematica*, 3e série, t. 23, 1914, p. 107).

— 5. Ein Satz von Weingarten über auf einander abwickelbare Flächen (*Lund Universitëts Arsskrift*, t. 29, 1918).

— 6. Zur Transformationstheorie partieller differentialgleichungen zweiter Ordnung (*Ibid.*, t. 31, 1920).

BIANCHI (Luigi). — 7. Ricerche sulle superficie a curvatura costante e sulle elicoidi (*Annali della R. Scuola normale superiore di Pisa*, t. II, 1879, p. 285).

— 8. Ueber die Flächen mit constanter negativer Krummung (*Mathematische Annalen*, t. 16, 1880, p. 577).

— 9. *Lezioni di Geometria differenziale*, t. II, Chap. XXIV et XXV.

CARTAN (E.). — 10. Sur l'intégration des systèmes d'équations aux différentielles totales (*Annales de l'École Normale supérieure*, 3e série, t. XVIII, 1901, p. 241-311).

— 11. Les systèmes de Pfaff et les équations aux dérivées partielles du second ordre (*Ibid.*, 3e série, t. XXVII, 1910, p. 109-192).

CERF (G.). — 12. Sur les transformations des équations aux dérivées partielles d'ordre quelconque à deux variables indépendantes (*Journal de Mathématiques*, 8e série, t. I, 1918, p. 309).

CLAIRIN (J.). — 13. Sur les transformations de Bäcklund (*Annales scientifiques de l'École Normale supérieure*, 3e série, t. XIX, 1902; supplément).

— 14. Sur les transformations d'une classe d'équations aux dérivées partielles du second ordre (*Ibid.*, 3e série, t. XXVII, 1910, p. 451-489).

— 15. Sur quelques points de la théorie des transformations de Bäcklund (*Ibid.*, 3e série, t. XXX, 1913, p. 173-197).

— 16. Sur quelques équations aux dérivées partielles du second ordre (*Annales de la Faculté des Sciences de Toulouse*, 2e série, t. V, 1903, p. 437-458).

— 17. Sur une classe de transformations des équations aux dérivées partielles du second ordre (*Bulletin de la Société mathématique*, t. XXX, 1902, p. 100-105).

— 18. Sur certaines transformations des équations linéaires aux dérivées partielles du second ordre (*Ibid.*, t. XXXIII, 1905, p. 90-97).

— 19. Sur la transformation d'Imschenetsky (*Ibid.*, t. XLI, 1913, p. 206-228).

— 20. Sur une transformation de Bäcklund (*Bulletin des Sciences mathématiques*, 2e série, t. XXIV, 1900, p. 284).
— 20'. Sur les transformations de quelques équations linéaires aux dérivées partielles du second ordre (Mémoire posthume, *Annales de l'École Normale*, 3e série, t. XXXVII, 1920, p. 95).
Cosserat (E.). — 21. Sur la déformation de certains paraboloïdes et sur le théorème de M. Weingarten (*Comptes rendus*, t. 124, 1897, p. 741).
Darboux (G.). — 22. *Leçons sur la théorie générale des surfaces*, t. II, Livre IV Chap. II, V, VI, VII, VIII, IX; t. III, Livre VII, Chap. XII et XIII.
— 23. Sur la déformation des surfaces du second degré et sur les transformations des surfaces à courbure totale constante (*Comptes rendus*, t. 128, 1899, p. 760, 854, 953, 1018).
Duport (M.). — 24. Mémoire sur les équations différentielles (*Journal de Mathématiques pures et appliquées*, 5e série, t. III, 1897, p. 17).
Gau (E.). — 25. Sur les transformations les plus générales des équations aux dérivées partielles du second ordre (*Comptes rendus*, t. 156, 1913, p. 116).
Goursat (E.). — 26. *Leçons sur le problème de Pfaff* (Paris, 1923).
— 26'. *Leçons sur l'intégration des équations aux dérivées partielles du second ordre*, t. I, Chap. II et IV; t. II, Chap. IX.
— 27. Sur une équation aux dérivées partielles (*Bulletin de la Société mathématique*, t. XXV, 1897, p. 36).
— 28. Sur une transformation de l'équation $s^2 = 4\lambda pq$ (*Ibid.*, t. XXVIII, 1900, p. 1).
— 29. Sur quelques transformations des équations aux dérivées partielles du second ordre (*Annales de la Faculté de Toulouse*, 2e série, t. IV, 1902, p. 299-340).
— 30. Sur le problème de Bäcklund et les systèmes de deux équations de Pfaff (*Ibid.*, 3e série, t. X, 1918).
— 31. Sur quelques équations du second ordre qui admettent une transformation de Bäcklund (*Bulletin de la Société mathématique*, t. XLIX, 1921, p. 1-65).
— 32. Sur les éléments singuliers d'un système de deux équations de Pfaff (*Ibid*, t. LII, 1924, p. 38).
— 33. Sur quelques transformations d'équations aux dérivées partielles (*Bulletin des Sciences mathématiques*, 2e série, t. XLVI, 1922, p. 370).
— 34. Sur quelques équations aux dérivées partielles de la théorie de la déformation des surfaces (*Comptes rendus*, t. 180, 1925, p. 1303).
— 35. Sur quelques transformations des équations aux dérivées partielles du second ordre (*Comptes rendus*, t. 170, 1920, p. 1217).
— 36. Sur une classe d'équations aux dérivées partielles du second ordre et sur la théorie des intégrales intermédiaires (*Acta mathematica*, t. 19, 1895, p. 285).
Imschenetsky (V.-G.) (traduit par Houël). — 37. Étude sur les méthodes d'intégration des équations aux dérivées partielles du second ordre à deux variables indépendantes (*Archives de Grunert*, t. LIV, p. 257),

Lévy (Lucien). — 38. Sur quelques équations linéaires aux dérivées partielles du second ordre (*Journal de l'École Polytechnique*, 56e cahier, 1886).

Lie (Sophus). — 39. Ueber Flächen deren Krummungsradien durch eine relation verknüpft sind (*Archiv for Mathematik og Naturvidenskab*, t. IV, 1879, p. 510).

Liouville (Roger). — 40. Sur les équations aux dérivées partielles du second ordre, qui contiennent linéairement les dérivées de l'ordre le plus élevé (*Comptes rendus*, t. 98, 1884, p. 216, 569, 723).

Moutard. — 41. Sur la construction des équations de la forme $\frac{\partial^2 z}{\partial x \partial y} = \lambda(x, y) z$, qui admettent une intégrale générale explicite (*Journal de l'École Polytechnique*, 45e cahier, 1878).

Picard (E.). — 42. Sur une généralisation des équations de la théorie des fonctions d'une variable complexe (*Comptes rendus*, t. 112, 1891, p. 1399).
— 43. Sur certains systèmes d'équations aux dérivées partielles (*Ibid.*, t. 114, 1892, p. 805).

Teixeira (Gomes). — 44. Sur l'intégration d'une classe d'équations aux dérivées partielles du second ordre (*Bulletin de l'Académie de Belgique*, 3e série, t. III, 1882, p. 486).

www.ingramcontent.com/pod-product-compliance
Ingram Content Group UK Ltd.
Pitfield, Milton Keynes, MK11 3LW, UK
UKHW021503260726
13993UKWH00004B/1545